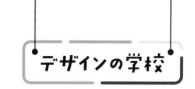

デザインの学校

これから
はじめる

Windows & Mac［対応］

Photoshop
の本

［2024年最新版］

I&D 宮川千春・木俣カイ 著
ロクナナワークショップ 監修

技術評論社

免責

本書に記載された内容は、情報の提供のみを目的としています。したがって、本書を用いた運用は、必ずお客様自身の責任と判断によって行ってください。これらの情報の運用の結果について、技術評論社および著者はいかなる責任も負いません。

本書記載の情報は2023年12月現在のものを掲載していますので、ご利用時には変更されている場合もあります。

また、ソフトウェアに関する記述は、特に断りのないかぎり、2023年12月現在での最新バージョンをもとにしています。ソフトウェアはバージョンアップされる場合があり、本書の説明とは機能内容や画面図などが異なってしまうこともあり得ます。本書ご購入の前に、必ずバージョン番号をご確認ください。

Adobe Photoshop CC 2024の「体験版」は、試用期間が過ぎると利用できなくなります。体験版についてのサポートは一切行われません。

また開発者側での動作保証もされていませんので、サポートおよび動作保証が必要な場合は必ず製品版をお買い求めください。

以上の注意事項をご承諾いただいた上で、本書をご利用願います。これらの注意事項をお読みいただかずにお問い合わせいただいても、技術評論社および著者は対処しかねます。あらかじめ、ご承知おきください。

商標・登録商標

Adobe Photoshopは、Adobe Inc.（アドビ社）の米国ならびに他の国における商標または登録商標です。その他、本文中に記載されている会社名、団体名、製品名などは、それぞれの会社・団体の商標、登録商標、商品名です。なお、本文中では™、®マークは明記していません。

はじめに

スマートフォンで写真を撮り、お手軽にキレイでかっこよく編集・加工してSNSに投稿する。生成AIでバリエーション豊かな画像やイラストを生成する。そんな時代に、カメラからPCに写真を取り込み、Photoshopで時間をかけて編集・加工して書き出して〜なんて、手間がかかって面倒に思うかもしれません。

ですが、ちょっとした補正から商業用途のWeb、印刷の広告画像の補正や修正、デジタルアート作品の制作など、Photoshopで行える作業は幅広く、正確性が高く、奥深くて何より自由です。

本書では、はじめてPhotoshopに触れる人たちを対象に、わかりやすくて使いやすい基本的な機能をピックアップし、それぞれの機能をかんたんな手順で覚えられるように説明しています。本書で説明している内容だけでもかんたんな補正や加工ができるようになりますが、それぞれ別の機能を組み合わせて使ってみたり、手順の一部を違う機能に置き換えてみたりすることで、書籍内で説明している以上にさまざまなことが行えるようになります。

こうした機能の組み合わせを多数紹介している書籍やWebサイトもありますが、実際の作業で思った通りに補正などを行うには、やはり個々の機能をいかに理解しているかが重要になります。これまでのバージョンアップによって積み重ねられた機能は数多く複雑ですが、まずは本書で基本的な機能を知ることで、これからPhotoshopの勉強を始めるための一助となれば幸いです。

商用印刷などの目的で制作する場合は、決められたルールを守ってデータを完成させる必要がありますが、どのような方法で制作を行うかは基本的に自由です。まずはPhotoshopを知るきっかけとして、本書を通してさまざまな機能を使って練習してみてください。

ある程度慣れて機能を理解できてきたら、本書の説明や作例にとらわれずに、いろいろな画像を自分の好みに補正・加工するなど、試行錯誤してみましょう。そうしていると、自分にとって使いやすい、状況に合わせて効率的に作業できる機能やツール、反対に苦手な作業や機能などが見えてくると思います。ここまでくれば、あなたも立派なPhotoshoperの仲間入りです。

Photoshopでの作業に、正解はありません。失敗を恐れずに自由な発想で、自分の理想の画像を制作できるように、さまざまなことにチャレンジしてみてください。

本書の特徴

● 最初から通して読むことで、 Photoshopの体系的な知識・操作が身につきます。
● 読みたいところから読んでも、 個別の知識・操作が身につきます。
● 練習ファイルを使って、 部分的に学習することができます。

本書の使い方

本文は、 ❶❷❸…の順番に手順が並んでいます。この順番で操作を行ってください。
それぞれの手順には、 ❶❷❸…のように、数字が入っています。
この数字は、操作画面内にも対応する数字があり、操作を行う場所と操作内容を示しています。

Visual Index

具体的な操作を行う各章の冒頭には、その章で学習する内容を視覚的に把握できるインデックスがあります。このインデックスから自分のやりたい操作を探し、該当ページに移動すると便利です。

●本書の素材例

より鮮やかに
印象的に

イメージを
ガラリと変化

細かな補正で
理想の
仕上がりに

素材を
組み合わせ
自然に合成

文字や図形を
自在に
組み合わせる

Contents

● 練習ファイルのダウンロード

練習ファイルについて

本書で使用する練習ファイルは、以下のURLのサポートサイトからダウンロードすることができます。
練習ファイルは各章ごとに圧縮されていますので、ダウンロード後はデスクトップにフォルダーを展開してからお使いください。

https://gihyo.jp/book/2024/978-4-297-13977-3/support

各章ごとのフォルダーには、各節で使用する練習用のファイルが入っています。操作前の状態のファイル名には「a」、操作後の状態のファイル名には「b」の文字が、それぞれ末尾に入っています。そのほか、各章で使用する写真やイラスト、文章などの素材ファイルが含まれている場合があります。

練習ファイルのダウンロード

お使いのパソコンで練習ファイルをダウンロードしてください。なお、以下の操作を行うには、パソコンがインターネットに接続されている必要があります。

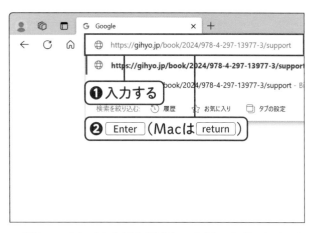

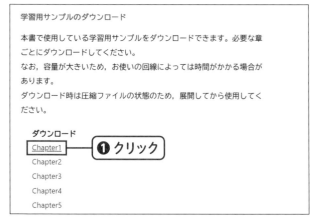

1 Webブラウザを起動し、上記のサポートサイトのURLを入力し❶、 Enter キー（macOSの場合は return キー）を押します❷。

2 表示された画面をスクロールし、ダウンロードしたいファイルをクリックします❶。

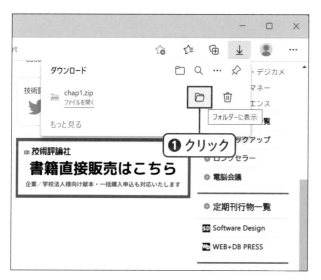

3 ダウンロードが完了したら、[フォルダーに表示]をクリックします❶。

4 ダウンロードしたファイルを右クリック（macOSの場合は control キー＋クリック）し❶、[すべて展開]（または[開く]）をクリックします❷。

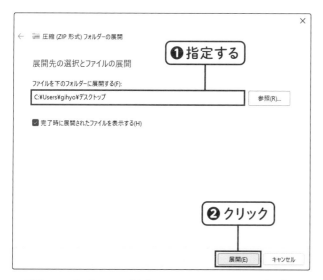

5 Windowsの場合は、ファイルの展開先が表示されます。展開先にデスクトップを指定して❶、[展開]をクリックします❷。デスクトップに展開しなかった場合や、macOSの場合は、次ページの方法でフォルダーをデスクトップにコピーしてください。

6 展開したフォルダーが表示されました。

練習ファイルをデスクトップにコピーする

ダウンロードした練習ファイルをデスクトップにコピーする方法は、以下の通りです。
あらかじめ P.12 の方法で、練習ファイルをパソコンにダウンロードしておきます。

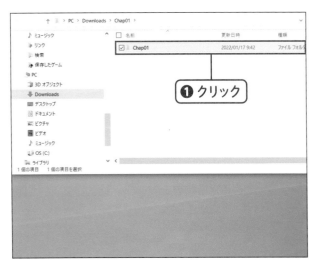

1 デスクトップにコピーしたいフォルダーをクリックして選択します❶。

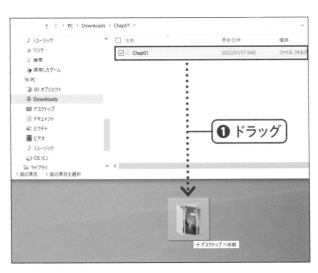

2 選択したフォルダーを、デスクトップに向けてドラッグします❶。

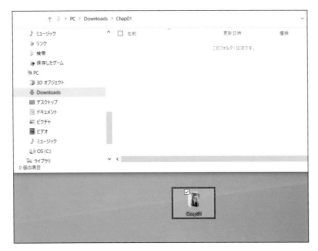

3 デスクトップに移動できたら、マウスボタンを離します。デスクトップにフォルダーをコピーできました。

Chapter 1

Photoshopの
基本操作を知ろう

この章では、Photoshopの起動・終了からファイルの開き方、ツールの選択方法
やパネルの操作方法などの、基本的な操作方法について説明します。また、細か
な作業に便利な画面の拡大縮小や、操作の取り消しとやり直しなどの方法について
も説明します。また、作業後の保存方法もしっかり覚えましょう。

Photoshopの基本操作を知ろう

メニューバー　　オプションバー　　パネル

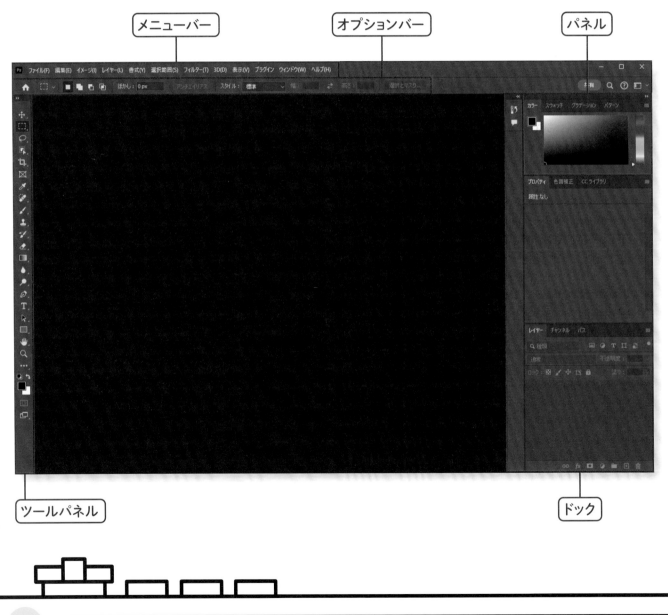

ツールパネル　　ドック

この章のポイント

POINT

1
Photoshopを
起動・終了しよう
➡ P.18

Photoshopの起動と終了の方法を学びます。

POINT

2
ファイルを開こう
➡ P.20

Photoshopでファイルを開く方法を学びます。

POINT

3
Photoshopのツールを
選ぼう
➡ P.22

ツールパネルからツールを選択する方法を学びます。

POINT

4
パネルを操作しよう
➡ P.24

パネルの表示と、格納の方法を学びます。

POINT

5
画面を
拡大・縮小しよう
➡ P.26

作業しやすいように、画面の拡大と縮小の方法を学びます。

POINT

6
操作を取り消そう
➡ P.28

操作を取り消したり、取り消した操作をやり直す方法を学びます。

POINT

7
ファイルを保存しよう
➡ P.30

ファイルの保存方法を学びます。

POINT

8
フォントを追加しよう
➡ P.32

Adobe FontsのWebサイトから、フォントをアクティベートする方法を学びます。

Lesson 01

Photoshopを
起動・終了しよう

Photoshopで作業を始めるために、Photoshopを起動します。すべての作業が完了したらPhotoshop
を終了しましょう。ここでは、Windows 11でのPhotoshopの起動・終了の方法について学びます。

練習ファイル　なし　　　完成ファイル　なし

1 スタートメニューを開く

タスクバーの［スタート］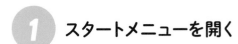をクリックします❶。

2 アプリの一覧を表示する

［スタート］メニューが表示されます。［すべてのア
プリ］をクリックします❶。

③ Photoshopを選択する

[すべてのアプリ]の一覧が表示されたら、[A]の項目から[Adobe Photoshop 2024]をクリックします❶。

> **MEMO**
>
> macOSの場合は、[Finder]を選択した状態で[移動]メニュー→[アプリケーション]の順にクリックします。[アプリケーション]フォルダーが開いたら、[Adobe Photoshop 2024]フォルダーの中の[Adobe Photoshop 2024]アイコンをダブルクリックして起動します。

④ Photoshopが起動した

Photoshopが起動し、スプラッシュスクリーンが表示されます。

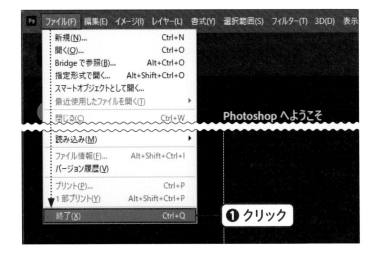

⑤ Photoshopを終了する

Photoshopでの作業が完了したら、[ファイル]メニュー→[終了]の順にクリックします❶。Photoshopが終了して画面が閉じます。

> **MEMO**
>
> macOSの場合は、[Photoshop]メニュー→[Photoshopを終了]の順にクリックします。

Lesson 02

ファイルを開こう

Photoshopで作業をするためには、画像などのファイルを開くか、新しくファイルを作成します。ここでは、Photoshopでファイルを開く・閉じる方法について学びます。

練習ファイル 0102a.jpg 完成ファイル なし

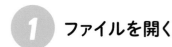

1 ファイルを開く

［ファイル］メニュー→［開く］の順にクリックします❶。

> **MEMO**
>
> Photoshopの［ホーム］画面が開いている場合は、画面左側の［開く］をクリックすることでも開けます。

2 ローカルファイルを参照する

バージョンによっては、Adobe Creative Cloudのクラウドストレージ内を参照する画面が表示されます。本書ではパソコンに保存されているファイルを使うので、［コンピューター］をクリックします❶。

> **MEMO**
>
> Photoshopのバージョンによっては、［コンピューター］のボタンが［ローカルコンピューター］になっている場合があります。

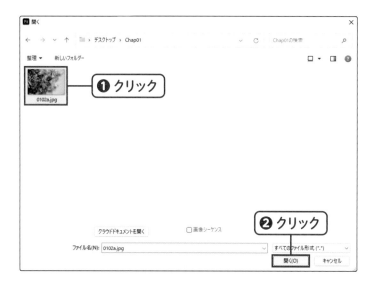

③ ファイルを選択する

［開く］ダイアログボックスが表示されます。Photo shop上で開きたいファイルをクリックします❶。ここでは、デスクトップに保存した［Chap01］フォルダーの［0102a.jpg］ファイルを選択しています。［開く］をクリックします❷。

(MEMO)

P.12の方法で、あらかじめ［Chap01］をデスクトップ上に保存しておきましょう。

④ ファイルが開いた

選択したファイルが、Photoshopで開きました。

⑤ ファイルを閉じる

［ファイル］メニュー→［閉じる］の順にクリックします❶。ファイルが閉じます。

Lesson 03

Photoshopの
ツールを選ぼう

Photoshopのツールパネルには、さまざまな機能を持つツールが用意されており、目的に合わせて選択することができます。ここでは、ツールパネルからツールを選択して設定する方法について学びます。

練習ファイル 0102a.jpg　完成ファイル なし

[ツール] パネル

1 ツールパネルの場所を確認する

P.20の方法で、[0102a.jpg] ファイルを開いておきます。画面左端にある縦長のパネルが [ツール] パネルです。Photoshopの [ツール] を使用する際は、このパネルにあるアイコンをクリックして選択します。

MEMO

[ツール] パネルが表示されていない場合は、上部メニューバーから [ウィンドウ] メニュー→ [ツール] の順にクリックします。

❶ クリック

2 ツールを選択する

使用したいツールのアイコンをクリックします。ここでは [移動] ツール ✛ をクリックします❶。

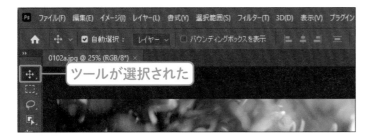

ツールが選択された

③ ツールが選択された

クリックしたツールのアイコンが濃いグレーに変化したら、選択されている状態です。

［オプション］バー

④ オプションバーの場所を確認する

Photoshopの［ツール］には、それぞれ設定できるオプションがあります。目的に合わせて設定を変更することで、効率よく正確な操作が可能になります。オプションの設定は、画面上部の［オプション］バーから行います。

> **MEMO**
>
> ［オプション］バーの他にも、詳細な設定のできる専用のパネルが用意されたツールもあります。

❶設定する

⑤ 移動ツールの設定をする

手順❷で［移動］ツール を選択したので、［オプション］バーには［移動］ツールの設定が表示されています。ここでは、以下のように設定します❶。

自動選択	チェックを入れる／［グループ］を選択
バウンディングボックスを表示	チェックを入れる

> **MEMO**
>
> ［自動選択］にチェックを入れると、［移動］ツールを使って作業画面上でレイヤーを選択できるようになります。［レイヤー］についてはP.79を、［バウンディングボックス］についてはP.53を参照してください。

23

Lesson 04

パネルを操作しよう

Photoshopのパネルには、作業中の画像の情報やツールの設定などが表示されています。ここでは、パネルの表示方法と格納方法について学びます。

練習ファイル　0102a.jpg　完成ファイル　なし

1 目的のパネルを表示する

P.20の方法で、[0102a.jpg]ファイルを開いておきます。[ウィンドウ]メニュー→[文字]の順にクリックします❶。

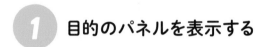

2 パネルを格納する

[文字]パネルのアイコン A がドックに追加され、パネルが展開された状態になりました。このパネルで、さまざまな文字の設定を行うことができます。パネルでの設定が完了したら、ドックの[文字]アイコン A をクリックします❶。

24

格納された

3 パネルが格納された

[文字] パネルが、[文字] アイコン **A** に格納された状態になりました。

MEMO

ドックにアイコンが表示されているパネルは、クリックすることで自由に展開や格納をして、作業スペースを整理することができます。

CHECK

パネルの操作方法

● パネルとアイコンの表示切り替え

パネルには、アイコンとパネルの2つの状態があります。アイコン状態のパネルは、展開と格納を任意で切り替えることで画面を広く使うことができます。パネルをアイコン化せずに常に表示させておきたい場合は、パネル上部のタイトルバーにある ≫ をクリックして切り替えることができます。

● パネルの移動とサイズ変更

パネルは、作業内容に合わせて使いやすいように、移動や並び替え、サイズの変更ができます。初期設定で右端に表示されているパネル群を [ドック] と呼び、新しく表示したパネルはアイコンの状態でドックに追加されます。

パネルを移動したり並び替えたりするには、アイコンかタブをドラッグして、移動したい場所でドロップします。ドック外にドロップされたパネルは [フローティング] 状態になり、自由に場所を変更できます。

ドック内で移動したい場合は、他のパネルの上下左右かタブ内にドラッグし、青い表示が出たらドロップします。

パネルのサイズを変更したい場合は、パネル間やパネルの端にカーソルを持っていき、カーソルが ↕ になったらドラッグして大きさを変更します。

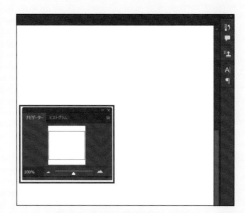

[フローティング]状態のパネル

● パネル配置の初期化

パネルの表示を最初の状態に戻したい場合は、[ウィンドウ] メニュー→ [ワークスペース] → [○○ (選択しているワークスペース) をリセット] をクリックします。

Lesson 05

画面を拡大・縮小しよう

Photoshop で表示されている画面は、自由に拡大・縮小することができます。画面を拡大表示することで、細かい作業がしやすくなります。ここでは、画面を拡大・縮小する方法について学びます。

練習ファイル 0102a.jpg　完成ファイル なし

1 画面を拡大表示する

P.20の方法で、[0102a.jpg] ファイルを開いておきます。[ツール] パネルで [ズーム] ツール 🔍 をクリックします❶。マウスカーソルの形状が ⊕ になったら、画面の拡大したい場所をクリックします❷。

MEMO

マウスカーソルの形状が 🔍 になっている場合は、画面上部の [オプション] バーで [ズームイン] 🔍 をクリックします。

2 表示範囲を移動する

画面が拡大表示されました。次に、[ツール] パネルで [手のひら] ツール ✋ をクリックします❶。マウスカーソルの形状が ✋ になったら画面上をドラッグし❷、表示範囲を移動します。

②クリック

③クリック

①クリック

画面を縮小表示する

[ツール]パネルで[ズーム]ツール🔍 をクリックします①。[オプション]バーで[ズームアウト]🔍 をクリックします②。画面上をクリックすると③、画面が縮小表示されます。

CHECK

画面操作の便利な機能

● **ドキュメントの表示サイズの切り替え**
[ズーム]ツール🔍、[手のひら]ツール🖐 が選択されている場合は、[オプション]バーに[100%][画面サイズ][画面にフィット]のボタンが表示されます。それぞれのボタンをクリックすることで、ドキュメントをかんたんに画面に合わせて表示させることができます。

[100%]
100%のサイズで表示します。

[画面サイズ]
長辺を画面に合わせて表示します。

[画面にフィット]
短辺を画面に合わせて表示します。

● **ナビゲーターパネル**
[ナビゲーター]パネルを使用することで、ドキュメントを拡大して作業していても現在表示されている範囲を把握することができます。[ウィンドウ]メニュー→[ナビゲーター]をクリックして表示できます。
パネル内の赤枠をドラッグして表示範囲を移動したり、下部のスライダーで表示倍率を変更することもできます。

● **ショートカットキー**
操作に慣れて、作業効率を求める場合は、キーボードを使ったショートカット機能が便利です。どのようなツールを選択していても、キーボードの Space キーを押している間は、[手のひら]ツールに切り替えることができます。また、 Space キーを押している状態で Ctrl キー（macOSの場合は command キー）を押すと[ズームイン]ツールに、 Alt キーを押すと[ズームアウト]ツールに切り替わります。 Ctrl キー、 Alt キーは[ズーム]ツール以外の[プラス]と[マイナス]のあるツール選択時に、その切り替えとしても使用できます。

Lesson 06

操作を取り消そう

Photoshopで行った操作は、手順をさかのぼって取り消したり、取り消した操作をやり直したりすることができます。ここでは、操作に失敗した場合に操作を取り消す方法について学びます。

練習ファイル 0102a.jpg 完成ファイル なし

1 取り消すための操作をする

P.20の方法で、[0102a.jpg]ファイルを開いておきます。画像に変更を加えるために、[色調補正]タブをクリックします❶。[色調補正]パネルが開いたら、下にスクロールして[階調の反転]をクリックします❷。

MEMO

[色調補正]タブが表示されていない場合は、[ウィンドウ]メニュー→[色調補正]の順にクリックします。

2 画像に変更が加えられた

画像に[階調の反転]が適用されました。

MEMO

[色調補正]について、詳しくはP.46を参照してください。

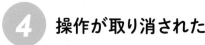 **操作を取り消す**

[編集] メニュー→ [○○ (ここでは新規反転レイヤー) の取り消し] の順にクリックします❶。

MEMO

ファイルを開いた直後の何も操作を行っていない状態では、[取り消し] はグレーで表示され、選ぶことができません。

操作が取り消された

直前に行った操作が取り消され、操作前の状態に戻りました。

MEMO

取り消した操作をやり直すには、[編集] メニュー→ [○○のやり直し] をクリックします。

CHECK

複数回分の作業内容を戻すには

複数回分の作業をさかのぼる場合は、[ヒストリー] パネルを使用すると視覚的に作業履歴を確認できて便利です。[ヒストリー] パネルは、[ウィンドウ] メニュー→ [ヒストリー] の順にクリックして開きます。

ヒストリーの記録数は、初期設定で [20] に設定されていますが、[編集] メニュー (macOSの場合は [Photoshop] メニュー) → [環境設定] ([環境]) → [パフォーマンス] の順にクリックし、[環境設定] ダイアログボックスの [ヒストリー数] で [1 ～ 1000] の記録数から任意の数を設定することができます。

多くのヒストリーを記録する場合は、さかのぼれる作業手順が増えますが、PCのメモリの使用量が増えるため、作業PCのメモリ量によっては動作が重くなる可能性があるので注意が必要です。

ヒストリーはあくまでも一時的な記録なため、ファイルを閉じた場合はただちに、設定した記録数を超えた場合は古いものから順に破棄されます。また、ヒストリーをさかのぼってから新しく作業をした場合は、さかのぼった手順より新しい作業分のヒストリーは、新しい作業で上書きされます。

Lesson 07

ファイルを保存しよう

Photoshop で作成・編集した作業用のファイルは通常、拡張子が［.psd］の Photoshop 形式で保存します。
ここでは、Photoshop で作成・編集したファイルの保存方法について学びます。

練習ファイル　なし　　　完成ファイル　なし

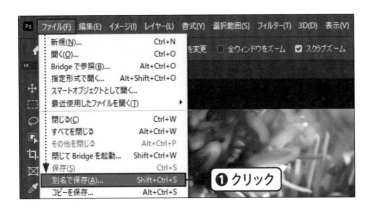

1 ファイルを保存する

保存したいファイルが開いた状態で、［ファイル］
メニュー→［別名で保存］の順にクリックします❶。

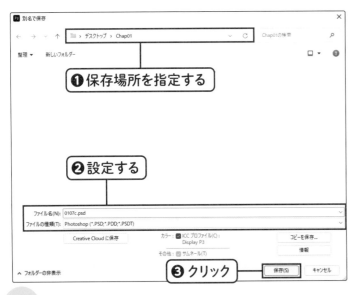

2 保存先の設定をする

［別名で保存］ダイアログボックスが表示されます。
ファイルの保存場所を指定し❶、以下のように設
定します❷。設定ができたら［保存］をクリックし
ます❸。

ファイル名	自分がわかりやすいもの
ファイルの種類	Photoshop

MEMO

ファイルの保存場所、ファイル名は自分がわかりやすいも
のを指定しましょう。ファイル形式を［Photoshop］に指定
した場合、ファイルの拡張子は［.psd］になります。

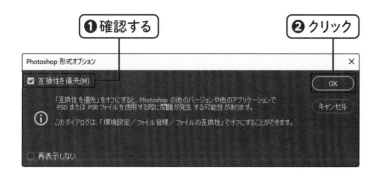

3 Photoshop形式の オプションを設定する

レイヤーがある場合は、[Photoshop形式オプション]ダイアログボックスが表示されます。[互換性を優先]にチェックが入っていることを確認し❶、[OK]をクリックします❷。これでファイルが保存されました。

MEMO

[互換性を優先]は、Photoshop以外のアプリケーションや、保存したPhotoshopとは違うバージョンのPhotoshopでファイルを開く可能性がある場合にチェックを入れます。レイヤー機能を使用していないファイルを保存する場合は、[Photoshop形式オプション]ダイアログボックスは表示されません。

CHECK

保存について

Photoshopの保存には以下の3種類があり、それぞれ[ファイル]メニューから選択することができます。

● 保存

Photoshopで加えた変更を元のファイルに上書きする形で保存する場合に選択します。レイヤー機能をサポートしていない、JPEG形式などのファイルに対してレイヤーを含む変更などを加えた場合は、[保存]を選択しても上書き保存されず、[別名で保存]ダイアログボックスが表示され、レイヤー機能をサポートする形式で保存するように促されます。

● 別名で保存

作業状態に対応する形式で新しいファイルを作成して保存する場合や、作業ファイルのファイル名を変更して別ファイルとして保存する場合に選択します。従来の[別名で保存]と異なり、ファイルの編集状態をサポートしていない形式は選択することができません。従来の[別名で保存]に戻したい場合は、[編集]メニュー（macOSの場合は[Photoshop]メニュー）→[環境設定]（[環境]）→[ファイル管理]の順にクリックし、[ファイルの保存オプション]の中にある[従来の「別名で保存」を有効にする]にチェックを入れます。

● コピーを保存

作業ファイルを別の形式で保存する場合や、すべてのレイヤーを統合して保存したい場合に使用します。レイヤーを統合する場合は、レイヤー機能をサポートしている形式を選択した状態で[レイヤー]のチェックを外して保存します。
従来の[別名で保存]と同様の機能ですが、ファイル名に[コピー]のテキストが追加されます。[コピー]のテキストを追加したくない場合は、[編集]メニュー→[環境設定]（[環境]）→[ファイル管理]の順にクリックし、[ファイルの保存オプション]の中にある[コピーの保存時にファイル名に「コピー」を追加しない]にチェックを入れます。

ファイル形式について詳しくはP.34を、レイヤーに関してはP.79を参照してください。

Lesson 08

フォントを追加しよう

Adobe Creative Cloud の特定のプランを契約すると、さまざまなフォントを Adobe のアプリにインストールすることができます。ここでは、Adobe Fonts の Web サイトからフォントをアクティベートする方法について学びます。

練習ファイル　**なし**　　完成ファイル　**なし**

1　Adobe Fonts を開く

[書式] メニュー→ [Adobe Fonts から追加] の順にクリックします①。

2　Adobe Fonts が開いた

Web ブラウザが起動し、[Adobe Fonts] の Web サイトが開きました。

フォントを検索する

[ホーム]タブをクリックし❶、検索ボックスに「小塚ゴシック」と入力します❷。フォントのリストが表示されたら「Kozuka Gothic Pro」をクリックします❸。

フォントをアクティベートする

「小塚ゴシック Pro」のページが表示されたら、[ファミリーを追加]をクリックします❶。

> **MEMO**
>
> Adobe Creative Cloudにログインしていない場合は、ログインダイアログが表示されます。画面の指示に従ってログインしてください。

フォントがインストールされた

フォントがアクティベートされ、Adobeのアプリで使用できるようになりました。「小塚ゴシックPro」の他に、本書で使用する下記のフォントをインストールしておきましょう。

小塚ゴシック Pro H
Seria Pro Bold
FOT-筑紫 B 丸ゴシック Std B

ファイル形式と解像度について

Photoshopで扱う主なファイル形式

▶ **Photoshop形式 (.psd)**

Photoshopの機能をすべてサポートします。作業用ファイルは特別な理由がない限り、この形式で保存します。

▶ **TIFF (.tif/.tiff)**

Photoshop以外の画像編集アプリケーションや、スキャナーの読み込み用アプリケーションなどで使用される形式です。

▶ **JPEG (.jpg)**

一般的に、スマートフォンやカメラ、Webなどの画像ファイルで使用される形式です。画像データを圧縮して保存するため、ファイルサイズを減らすことができますが、不可逆方式で圧縮されるため、保存時に画質が劣化します。低圧縮率の最高画質で保存した場合は、元の画像と比較してもわからない程度の違いしかありませんが、何度も作業や保存を繰り返すと、ノイズが発生する、階調が荒れるなど、劣化する場合があります。このため作業用ファイルには適しません。

▶ **PNG (.png)**

一般的にWebでのイラストやロゴなどの画像ファイルで使用される形式です。画像データを圧縮して保存しますが、可逆方式で圧縮するため、保存による画質劣化はありません。その分JPEGに比べるとファイルサイズが大きくなるため、写真などの色数の多い画像には不向きです。アルファチャンネルによる透明情報を扱えるため、半透明などの表現ができます。

▶ **GIF (.gif)**

一般的にWebでのイラストやロゴなどの画像ファイルで使用される形式です。インデックスカラーという256色以下の色数に制限された色のみを使用するので、写真などの色数の多い画像には不向きです。不透明には対応していますが、半透明のような表現はできません。他の形式にない特徴として、アニメーション機能をサポートしています。

画像サイズと解像度について

Photoshopで扱われる画像は[ビットマップ画像]と呼ばれるもので、複数のピクセル（四角形のドット）の集合体です。それぞれのピクセルには色の情報が記録されており、ピクセルごとの差異によって画像が表現されています。

ビットマップ画像の画質は、画像のサイズと解像度によって決まります。画像サイズは画像の寸法、解像度はピクセルの密度です。Photoshopでの解像度の単位はppi (pixel per inch)で表されます。

画像のサイズ、解像度の変更は、[イメージ]メニュー→[画像解像度]を選択して表示される、[画像解像度]ダイアログボックスで行います。

[画像の再サンプル]にチェックが入っている場合は、指定した画像サイズと解像度に応じてPhotoshopが自動的にピクセル数を増減させます。一般的に、カラー印刷では300ppi〜350ppi、Web用では72ppi程度あれば十分な解像度とされています。

Web用画像 (72ppi)

印刷用画像 (350ppi)

Chapter

2

写真を補正しよう

撮影した写真は、かんたんな補正を行うだけで見ばえがぐっとよくなります。この章では、逆光で暗くなってしまった写真を明るくしたり、室内照明で色かぶりしてしまった色味を補正する方法を説明します。また、色を鮮やかにしたり、モノクロにしたりするなど、写真がより印象的に見えるような補正も行います。

写真を補正しよう

この章のポイント

POINT

1 写真の明るさを
補正しよう → P.38

暗い写真を明るく補正します。

POINT

2 写真の色味を
補正しよう → P.40

照明で色かぶりした写真の色を補正します。

POINT

3 写真の彩度を
補正しよう

➜ P.42

写真の色を鮮やかに補正します。

POINT

4 写真をモノクロに
補正しよう

➜ P.44

写真を印象的なモノクロ写真に補正します。

Lesson 01
写真の明るさを補正しよう

明暗差の大きな景色などは、思ったような明るさで撮影できないことがあります。ここでは、逆光で暗くなってしまった写真を明るくする方法について学びます。

練習ファイル **0201a.jpg**　完成ファイル **0201b.psd**

1 Photoshop で画像を開く

P.18の方法で、Photoshopを起動します。［ファイル］メニュー→［開く］の順にクリックします❶。

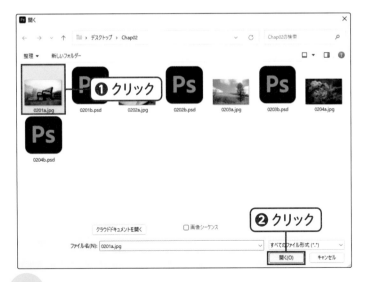

2 補正する画像を選択する

［開く］ダイアログボックスが表示されます。デスクトップの［Chap02］フォルダーから［0201a.jpg］ファイルをクリックし❶、［開く］をクリックします❷。

> **MEMO**
>
> P.12の方法で、あらかじめ［Chap02］フォルダーをデスクトップ上にコピーしておきましょう。

③ 明るさ・コントラストを 選択する

選択した画像が開きました。[色調補正] タブをクリックします❶。[色調補正] パネルが開いたら、[明るさ・コントラスト] 🔆 をクリックします❷。

> **MEMO**
>
> [色調補正] タブが表示されていない場合は、[ウィンドウ] メニュー→ [色調補正] の順にクリックします。

④ 画像を明るく補正する

[プロパティ] パネルが表示されます。[明るさ] のスライダーをドラッグして❶、以下のように設定します。

明るさ	70

⑤ 補正した画像を確認する

画像が明るく補正されました。P.30の方法で、デスクトップの [Chap02] フォルダーに別名保存します。[名前] は [0201c.psd] とします。保存できたら、ファイルを閉じましょう。

> **MEMO**
>
> ファイルを閉じる方法は、P.21を参照してください。

Lesson 02

写真の色味を補正しよう

室内の照明など色のついた明かりの下で撮影すると、思った通りの色で撮影できない場合があります。
ここでは、写真を自然な色味に補正する方法について学びます。

練習ファイル 0202a.jpg 完成ファイル 0202b.psd

1 レンズフィルターを選択する

P.20の方法で、[Chap02] フォルダーの [0202a.jpg] ファイルを開きます。[色調補正] タブをクリックします❶。[色調補正] パネルが開いたら、[レンズフィルター] 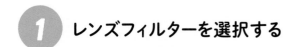 をクリックします❷。

> **MEMO**
> P.12の方法で、あらかじめ [Chap02] フォルダーをデスクトップ上にコピーしておきましょう。

2 色を補正する

[プロパティ] パネルが表示されます。[レンズフィルター] を、以下のように設定します❶。

フィルター	Cooling Filter (82)
適用量	35%

③ 補正した画像を確認する

ここでは、色温度の低い暖色系の画像に寒色系の色をかぶせて色味を調整しました。P.30の方法で、デスクトップの[Chap02]フォルダーに別名保存します。[名前]は[0202c.psd]とします。保存できたら、ファイルを閉じましょう。

> **MEMO**
>
> ファイルを閉じる方法は、P.21を参照してください。

CHECK

レンズフィルターの仕組み

[レンズフィルター]機能は、フィルムカメラで撮影する際に、色味を調節する目的で使われていた色補正用のフィルターを再現したものです。デジタルカメラになってからはホワイトバランスの設定で色温度を調整できるため、実際の色補正フィルターはあまり使われなくなりましたが、Photoshopで色温度の調整をする際には、操作がシンプルで便利な機能です。

● **色温度の調整**

色温度を調整するには、[Warming Filter（フィルター暖色系）/Cooling Filter（フィルター寒色系）]と表示されているフィルターを使用します。色温度の高い（青っぽい）画像には[Warming Filter（フィルター暖色系）]を適用し、色温度が低い（オレンジっぽい）画像には[Cooling Filter（フィルター寒色系）]を適用します。

● **フィルターの選び方**

色かぶりなどを補正したい場合は、強くかかっている色に対する補色を選択します。補色とは、色相環（下図参照）で対面にある色のことを指します。レンズフィルターは色かぶりを補正する以外にも、特定の色を強めて違った印象に補正するといった用途にも使用できます。適用した色の強さは、[適用量]のスライダーで調整することができます。

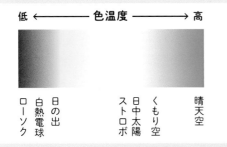

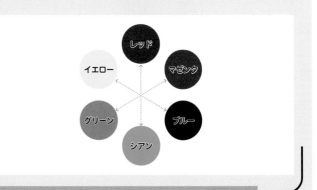

Lesson 03

写真の彩度を補正しよう

写真の彩度（色の鮮やかさ）を変更することで、華やかな印象や、落ち着いた印象に補正することができます。ここでは、写真を鮮やかな色味に補正する方法について学びます。

練習ファイル 0203a.jpg 完成ファイル 0203b.psd

1 自然な彩度を選択する

P.20の方法で、[Chap02]フォルダーの[0203a.jpg]ファイルを開きます。[色調補正]タブをクリックします❶。[色調補正]パネルが開いたら、[自然な彩度] をクリックします❷。

> **MEMO**
>
> P.12の方法で、あらかじめ[Chap02]フォルダーをデスクトップ上にコピーしておきましょう。

2 彩度を補正する

[プロパティ]パネルが表示されます。[自然な彩度]を、以下のように設定します❶。

自然な彩度	+100

③ 補正した画像を確認する

画像の彩度が上がり、華やかなイメージに補正されました。P.30の方法で、デスクトップの［Chap02］フォルダーに別名保存します。［名前］は［0203c.psd］とします。保存できたら、ファイルを閉じましょう。

> **MEMO**
>
> ファイルを閉じる方法は、P.21を参照してください。

CHECK

彩度と自然な彩度の違いについて

彩度とは色の鮮やかさを表す言葉で、純色（ビビッドカラー）が最大値で彩度が高く、無彩色（白黒グレー）が最低値で彩度が低くなります。色調補正の［自然な彩度］は、彩度の低い色調に対しては強く、彩度の高い色調に対しては弱く効果が適用されます。［彩度］の場合は、すべての色調に対して等しく適用されます。

自然な彩度：+100	元画像	彩度：+100

Lesson 04
写真をモノクロに 補正しよう

カラーで撮影した画像を、Photoshopでモノクロに補正することができます。ここでは、画像内の色別に明暗を調整し、青味がかったモノクロ写真に補正する方法について学びます。

練習ファイル 0204a.jpg　完成ファイル 0204b.psd

1 白黒を選択する

P.20の方法で、[Chap02]フォルダーの[0204a.jpg]ファイルを開きます。[色調補正]タブをクリックします❶。[色調補正]パネルが開いたら、[白黒]をクリックします❷。

MEMO

P.12の方法で、あらかじめ[Chap02]フォルダーをデスクトップ上にコピーしておきましょう。

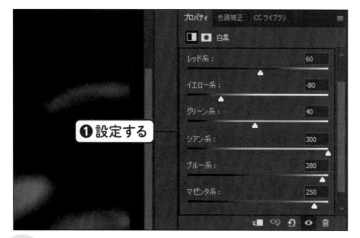

2 白黒の設定をする

画像がモノクロに補正され、[プロパティ]パネルが表示されます。それぞれの色のスライダーをドラッグして、以下のように設定します❶。

レッド系	60	シアン系	300
イエロー系	-80	ブルー系	280
グリーン系	40	マゼンタ系	250

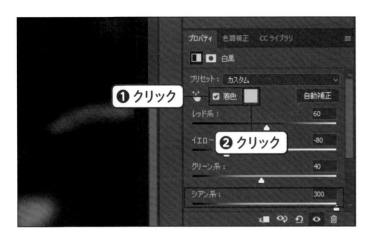

3 着色カラーを変更する

[白黒]の機能では、モノクロに変換した画像に対して単色で色をつけることができます。[着色]をクリックして、チェックを入れます❶。[着色カラーを変更]をクリックします❷。

4 着色カラーの設定をする

[カラーピッカー(着色カラー)]ダイアログボックスが開きます。以下のように設定し❶、[OK]をクリックします❷。ピッカー内の色をクリック、またはドラッグして色を選択することもできます。

R	240
G	250
B	255

5 補正した画像を確認する

カラーの画像が、冷黒調のモノクロ画像に補正されました。P.30の方法で、デスクトップの[Chap02]フォルダーに別名保存します。[名前]は[0204c.psd]とします。保存できたら、ファイルを閉じましょう。

MEMO

ファイルを閉じる方法は、P.21を参照してください。

いろいろな色調補正

元画像

[色調補正] パネルには、画像の色調を補正するためのさまざまな機能があります。色調補正機能を使うことで、明るさ、コントラスト、色相、彩度などを用途に合わせて補正することができます。以下は、色調補正機能の一部をかんたんに説明したものです。自分で撮影した写真などに適用し、いろいろな効果を実際に試してみてください。

トーンカーブ

グラフ上にポイントを作成し、色調ごとに細かく補正することができます。

カラーバランス

全体の色の補正、ハイライト、中間色、シャドウなどの階調ごとの色の補正ができます。

階調の反転

色調を反転させることができます。ネガフィルムから正確なポジ情報を作成することはできません。

ポスタリゼーション

色の数を2〜255の間で制限することができます。シンプルなイラストのような表現ができます。

2階調化

白と黒の2色にできます。指定した [しきい値] より低い値を黒に、高い値を白にします。

特定色の選択

指定した色のプロセスカラーの含有量を変更することで、色を変更できます。

グラデーションマップ

階調ごとに指定した色に変更できます。階調で色の変わる独特な雰囲気を表現できます。

カラールックアップ

用意された設定を選択することで、かんたんにさまざまな色調に変更できます。

Chapter

3

写真を加工しよう

撮影時のさまざまな理由から思っていた通りに撮れなかった写真も、Photoshopで
かんたんな加工をすることで、自分のイメージに近づけることができます。この章で
は、写真の一部を切り取るトリミングや、写り込んでしまった余分な要素を削除する
方法を説明します。また、写っているものをコピーしたり、色を変えたりといった、
イメージを大きく変える加工も行います。

写真を加工しよう

この章のポイント

POINT

1 写真の一部を 切り抜こう → P.50

写真をトリミングして、見せたい箇所を強調します。

POINT

2 写真内の余分な要素を 削除しよう → P.54

風景写真の不要な要素を削除します。

3

写真に写っているものを
コピーしよう

写真内の葉っぱを別の場所にコピーして
増やします。

→ P.56

4

写真の特定の色をガラリと
変えよう

青色のテーブルクロスを赤色に変更します。

→ P.60

5

写真の空を置き換えよう

写真の空をまったく別の空の画像に
変更します。

→ P.62

Lesson 01

写真の一部を切り抜こう

画像の一部分を切り取って使うことを、トリミングと言います。ここでは写真の中で強調して見せたいヤギの部分をトリミングして、大きく見えるようにする方法について学びます。

練習ファイル 0301a.jpg　　完成ファイル 0301b.psd

1 切り抜きツールを選択する

P.20の方法で、[Chap03]フォルダーの[0301a.jpg]ファイルを開きます。[切り抜き]ツール 🔲 をクリックし❶、[オプション]バーの[比率]から[元の縦横比]を選択します❷。[切り抜いたピクセルを削除]をクリックして❸、チェックを外します。

> **MEMO**
> [切り抜いたピクセルを削除]については、P.52のCHECKを参照してください。

2 切り抜く範囲を決める その1

表示されたバウンディングボックスの左上に、マウスカーソルを移動します。マウスカーソルの形状が ⬈ に変わったら右下方向にドラッグし❶、切り抜く範囲の上側と左側を指定します。

③ 切り抜く範囲を決める その2

バウンディングボックスの右端に、マウスカーソルを移動します。マウスカーソルの形状が ↔ に変わったら左方向にドラッグし❶、切り抜く範囲の右側を指定します。

④ 範囲を微調整する

バウンディングボックス内をドラッグし❶、切り抜く範囲を微調整します。

⑤ 角度を補正する

[オプション]バーの[角度補正] 📷 をクリックし❶、左の画面のように柱に沿ってドラッグします❷。

> **MEMO**
>
> [角度補正]では、[水平]もしくは[垂直]にしたい場所に合わせてドラッグすることで、ドラッグで作成された線に合わせて角度が補正されます。

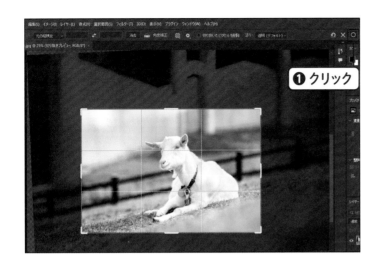

6 切り抜き範囲を確定する

ドラッグして作成された線に合わせて、垂直になるように角度が補正されました。切り抜きたい範囲に問題がなければ、[オプション]バーの[確定]◎をクリックします❶。

MEMO

確定後に切り抜きをやり直したい場合は、下のCHECKを参照してください。

7 切り抜いた画像を確認する

バウンディングボックスで指定した範囲で切り抜かれ、ヤギが画面いっぱいに表示されるようにトリミングされました。P.30の方法で、デスクトップの[Chap03]フォルダーに別名保存します。[名前]は[0301c.psd]とします。保存できたら、ファイルを閉じましょう。

MEMO

ファイルを閉じる方法は、P.21を参照してください。

CHECK

切り抜きツールについて

本書では、[切り抜き]ツール 🔲 の切り抜き範囲を[元の縦横比]に設定し、元の画像と同じ縦横比で切り抜きましたが、用途に合わせてサイズや解像度、縦横の比率を指定して切り抜くこともできます。

また[切り抜いたピクセルを削除]の設定では、切り抜き後に範囲外の画像を残すか、削除するかを選べます。チェックが入っている状態では、切り抜き後に範囲外の部分が削除されて、ヒストリー以外では戻せなくなります。

チェックが外れている状態では、範囲外の画像は削除されずに、後からでも切り抜き範囲を変更することができますが、ファイルサイズが大きくなります。

52

ハンドルの操作

画像の周囲にバウンディングボックスが表示されている状態では、任意のハンドルを操作してさまざまな変形を行うことができます。最近のバージョンのPhotoshopでは、初期設定でバウンディングボックスの縦横比が固定されているため、どのハンドルを操作しても、対面のハンドルを基準点として変形が適用されます。

従来のような操作をしたい場合、[切り抜き]ツールの場合は、[比率]を指定せずに作業をします。[移動]ツールなどの場合は Shift キーを押しながら操作するか、[編集]メニュー（macOSの場合[Photoshop]メニュー）→[環境設定]（[環境]）→[一般]の順にクリックし、[環境設定]ダイアログボックスの[オプション]の項目で[従来の自由変形を使用]にチェックを入れます。

▶ サイズ変更、拡大・縮小

変形する場合は、マウスカーソルを変形したい方向のハンドルに重ねて、マウスカーソルが右図のような形になったら、変形したい方向へドラッグします。
この時、初期設定では Shift キーを押すと縦横比を無視して変形されます。Alt キー（macOSの場合は option キー）を押すと、中心または基準点 ✧ を基準に変形されます。

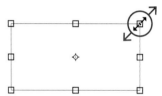

▶ 回転

回転する場合は、マウスカーソルをハンドルの外側に持っていき、マウスカーソルが右図のような形になったら、回転したい方向へドラッグします。どのハンドルを操作しても、同じように回転します。 Shift キーを押すと、15°刻みで回転させることができます。

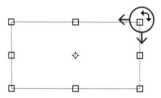

▶ 移動

移動する場合は、マウスカーソルをバウンディングボックスの内側に持っていき、マウスカーソルが右図のような形になったら、移動したい方向へドラッグします。 Shift キーを押すと、移動角度が45°刻みで移動することができます。

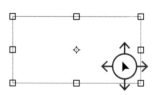

▶ 基準点

基準点を設定することで、任意の箇所を中心として変形することができます。基準点の位置を変更するには、マウスカーソルを基準点に重ねてマウスカーソルが右図のような形になったらドラッグします。基準点を使用するには、[編集]メニュー（macOSの場合は[Photoshop]メニュー）→[環境設定]（[環境]）→[ツール]の順にクリックし、[環境設定]ダイアログボックスの[オプション]で[変形ツールを使用するときに基準点を表示]にチェックを入れます。

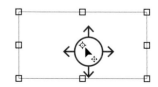

Lesson 02

写真内の余分な要素を削除しよう

撮影時に、余分な要素の写り込みやレンズの汚れなど、不要なものが写ってしまう場合があります。ここでは、削除ツールを使って不要な木の枝を削除する方法について学びます。

練習ファイル 0302a.jpg 完成ファイル 0302b.psd

1 削除ツールを選択する

P.20の方法で、[Chap03]フォルダーの[0302a.jpg]ファイルを開きます。[スポット修復ブラシ]ツール を長押しし❶、ツール一覧から[削除]ツール をクリックします❷。

2 削除したい範囲に合わせてブラシを設定する

[オプション]バーの[ブラシサイズを設定] をクリックします❶。以下のように設定し❷、[ブラシサイズを設定] をクリックして閉じます❸。

サイズ	40

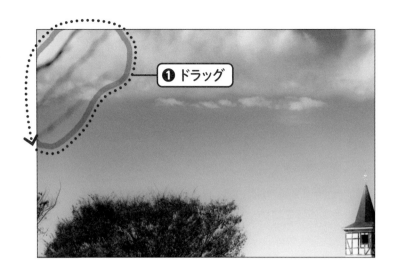

3 削除したい範囲をドラッグする

空にかかってしまっている木の枝の周りを、左の画面のようにドラッグして囲みます❶。

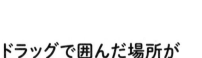

4 ドラッグで囲んだ場所が塗りつぶされた

囲んだ場所が塗りつぶされて、自動的に削除の処理が始まります。

MEMO

[削除]ツール 🖼 では、ドラッグして囲むことで自動的に内側が塗りつぶされ、選択された状態になります。

5 加工した画像を確認する

ドラッグした範囲にあった木の枝が削除されました。余裕があれば、その下にある枝も削除しましょう。P.30の方法で、デスクトップの[Chap03]フォルダーに別名保存します。[名前]は[0302c.psd]とします。保存できたら、ファイルを閉じましょう。

MEMO

ファイルを閉じる方法は、P.21を参照してください。

Lesson 03

写真に写っているものを コピーしよう

コピースタンプツールを使うことで、画像内の要素を違う場所にコピーしたり消したりすることができます。
ここでは、コピースタンプツールを使って写真に写っている葉っぱをコピーする方法について学びます。

練習ファイル 0303a.jpg 完成ファイル 0303b.psd

1 コピースタンプツールを 選択する

P.20の方法で、[Chap03]フォルダーの[0303a.
jpg]ファイルを開きます。[コピースタンプ]ツー
ル🖊️をクリックします❶。

2 コピースタンプツールの 設定をする

[オプション]バーの[ブラシプリセットピッカーを開
く]をクリックします❶。ブラシを以下のように
設定し❷、[ブラシプリセットピッカーを開く]
をクリックして閉じます❸。

直径	200px
硬さ	0%

③ コピーソースパネルを開く

葉っぱをコピーしたいのですが、そのままコピーすると少し単調になってしまうので、反転してコピーされるように設定します。[オプション]バーの[コピーソースパネルの表示切替] をクリックします❶。

④ コピーソースを設定する

[コピーソース]パネルが表示されたら、[水平方向に反転] をクリックし❶、以下のように設定します❷。設定ができたら、[コピーソース]アイコンを クリックし❸、パネルをアイコン化します。

W	80%
H	80%
コピーソースを回転	15°

⑤ 複製したい箇所を指定する

複製したい箇所(ここでは葉っぱの中心部分)の上に、マウスカーソルを移動します。[Alt]キー(macOSの場合は[option]キー)を押したままの状態で、マウスカーソルの形状が ⊕ になったらクリックします❶。

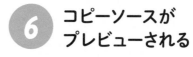 **コピーソースが
プレビューされる**

マウスカーソルの位置に、コピーソースのプレビューが表示されます。

MEMO

プレビューが表示されない場合は、もう一度手順⑤の操作を行いましょう。それでも表示されない場合は、[コピーソース]パネルで[オーバーレイを表示]にチェックが入っているかどうかを確認します。

7 **コピーソースから複製する**

プレビューを確認しながら画面上をドラッグし❶、葉っぱをコピーしていきます。

MEMO

[オプション]バーで[調整あり]にチェックが入っていると、コピーソースを変更しない限り、マウスのボタンを離しても、途中からコピー作業を続けることができます。

8 **加工した画像を確認する**

葉っぱが複製されて、写真が賑やかになりました。P.30の方法で、デスクトップの[Chap03]フォルダーに別名保存します。[名前]は[0303c.psd]とします。保存できたら、ファイルを閉じましょう。

MEMO

ファイルを閉じる方法は、P.21を参照してください。

さまざまなレタッチツール

Photoshopには、写真の傷や汚れ、余分な要素を消すためのツールが複数用意されています。以下を参考に、状況に応じてツールを使い分けられるようになると作業が楽に進みます。

🖱 ［コピースタンプ］ツール

画像の一部をコピーソースとして選択し、画像の他の部分へクリックまたはドラッグでコピーすることができます。Photoshopによる自動処理はなく、［オプション］バーや［ブラシ］パネル、［コピーソース］パネルなどで設定を行うことで自由度の高い処理が可能です。写真の一部を他の場所に複製したり、画像の汚れやゴミを削除するなど、幅広く活用できます。

🩹 ［修復ブラシ］ツール

［コピースタンプ］ツールと同様に、画像の一部を選択して他の部分へコピーすることができます。［コピースタンプ］ツールと異なり、コピー先のディテールや明暗を自動的に反映してコピーされます。

🩹 ［スポット修復ブラシ］ツール

修正したい箇所をクリックまたはドラッグすることで、Photoshopが画像を自動的に解析し、画像内の他の場所からディテールや明暗を反映した状態でコピーします。

🩹 ［削除］ツール

修正したい箇所をクリックかドラッグして塗ることで、AIを活用して類似の画像で自動的に置き換わります。処理に時間がかかる場合がありますが、他のツールに比べてキレイに仕上がる場合が多いです。

✂ ［コンテンツに応じた移動］ツール

［コンテンツに応じた移動］ツールでドラッグするか、他のツールで選択範囲を作成してから選択範囲をドラッグして移動することで、コピー先のディテールや明暗を自動的に反映して選択範囲をコピーまたは移動することができます。移動の場合、選択された元の箇所には［スポット修復ブラシ］ツール相当の処理が行われます。

	コピーソースの選択	コピー時の自動処理	コピー方法
コピースタンプツール	○	×	ブラシ
修復ブラシツール	○	○	ブラシ
スポット修復ブラシツール	×	○	ブラシ
削除ツール	×	○	ブラシ
コンテンツに応じた移動ツール	○	○	選択範囲

Lesson 04
写真の特定の色を
ガラリと変えよう

色調補正の色相・彩度を使うことで、指定した色のみを修正することができます。ここでは、色相・彩度を使ってテーブルクロスの色を変える方法について学びます。

練習ファイル 0304a.jpg 完成ファイル 0304b.psd

1 色相・彩度を選択する

P.20の方法で、[Chap03]フォルダーの[0304a. jpg]ファイルを開きます。[色調補正]タブをクリックします❶。[色調補正]パネルが開いたら、[色相・彩度]をクリックします❷。

> **MEMO**
> [色調補正]タブが表示されていない場合は、[ウィンドウ]メニュー→[色調補正]の順にクリックします。

2 変更したい色を選択する

[プロパティ]パネルに、[色相・彩度]が表示されます。[画面セレクターの表示切替]をクリックします❶。マウスカーソルの形状が　になったら、画面上の変更したい色の箇所に移動してクリックします❷。

3 選択した色を変更する

[プロパティ]パネルのプルダウンメニューで[シアン系]が選択されていることを確認し❶、以下のように設定します❷。

色相	+160
彩度	-10
明度	+20

MEMO

[シアン系]が選択できていない場合は、再度クリックするか、プルダウンメニューから選択します。

4 加工した画像を確認する

テーブルクロスの色が、青色から赤色に変わりました。P.30の方法で、デスクトップの[Chap03]フォルダーに別名保存します。[名前]は[0304c.psd]とします。保存できたら、ファイルを閉じましょう。

MEMO

ファイルを閉じる方法は、P.21を参照してください。

─── **CHECK** ───

色相・彩度・明度とは

色相・彩度・明度は[色の3属性]と呼ばれ、これらの組み合わせによってさまざまな色が表現されています。色相は「赤」「青」「緑」などの色味を、彩度は色の鮮やかさを、明度は色の明るさを表します。色相について詳しくはP.41を、彩度についてはP.43を参照してください。

Lesson 05

写真の空を置き換えよう

空を置き換えの機能を使うことで、写真内の空をさまざまな空にかんたんに置き換えることができます。ここでは、青空を夕焼け空に置き換える方法について学びます。

練習ファイル 0305a.jpg 完成ファイル 0305b.psd

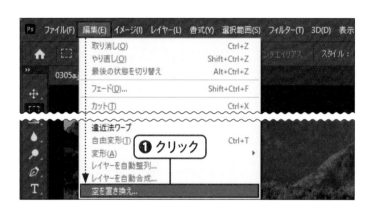

1 空を置き換えを開く

P.20の方法で、[Chap03]フォルダーの[0305a.jpg]ファイルを開きます。[編集]メニュー→[空を置き換え]の順にクリックします❶。

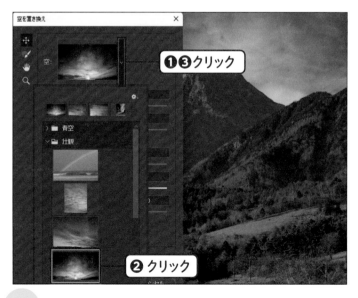

2 空を選択する

[空を置き換え]ダイアログボックスが開いたら、[置き換える空を選択]プルダウンメニューをクリックし❶、置き換えたい空をクリックします❷。ここでは、[壮観]の中にある4番目の空を選択しました。空が選択できたら[置き換える空を選択]をクリックし❸、メニューを閉じます。

❶設定する

③ 空をなじませる

空が置き換わったら、以下のように設定して❶、選択した空と元の画像をなじませます。

エッジをシフト	10
エッジをフェード	0
明度	50
色温度	60

❶設定する

❷クリック

④ 選択した空を適用する

選択した空が画像になじんだら、[出力]の項目で以下のように設定し❶、[OK]をクリックします❷。

出力先	新規レイヤー

⑤ 加工した画像を確認する

写真の空が、まったく違うものに置き換わりました。P.30の方法で、デスクトップの[Chap03]フォルダーに別名保存します。[名前]は[0305c.psd]とします。保存できたら、ファイルを閉じましょう。

> **MEMO**
> ファイルを閉じる方法は、P.21を参照してください。

フィルターについて

[フィルター]メニューには、画像を補正する、特殊効果を適用するなどのさまざまなフィルターが用意されています。補正に使われるフィルターでは、撮影時のレンズのゆがみや、シャープネス、ノイズの除去などの補正を行うことができます。特殊効果を適用できるフィルター（ピクセレート、ぼかし、ぼかしギャラリー、表現手法、変形）では、画像をゆがませたり、ぼかしを加える、絵のように加工するといったことができます。

▶ レンズ補正

レンズのゆがみや色収差、撮影時の傾きなどを補正することができます。あらかじめ用意されたレンズごとのプロファイルを使用することもできます。

適用前　　　　　　　適用後

▶ ぼかし（放射状）

中心から外側に向かって移動するようなぼかしを作成することができます。他にもさまざまなぼかしツールがあるので、試してみてください。

適用前　　　　　　　適用後

▶ フィルターギャラリー

写真をさまざまな技法で絵のように加工できるフィルターは、[フィルターギャラリー]から適用できます。[フィルターギャラリー]内で用意されている複数のフィルターを組み合わせて適用することで、多種多様な効果を作り出すことができます。以下のかんたんなサンプルを参考に、いろいろ試してみてください。グラフィックペンのような元の色がなくなるフィルターは、色に[描画色]と[背景色]が適用されるので、フィルターを適用する前に設定を確認しましょう。

元画像

カットアウト

ストローク（斜め）

グラフィックペン

····· **Chapter** ·····

4

写真の一部を選択して補正しよう

写真をより正確に、イメージ通りに補正したい場合は、部分的な補正が有効です。この章では、補正したい箇所を選択して明るくしたり、特定の色のみを補正する方法を説明します。また、人物の肌をなめらかに補正したり、レイヤーを指定した補正も行います。

写真の一部を選択して補正しよう

この章のポイント

POINT

1 暗い部分を明るく補正しよう

➜ P.68

写真の暗い部分のみを選択し、明るく補正します。

POINT

2 色域を指定して補正しよう

➜ P.70

写真内の色から選択範囲を作成し、部分的に補正します。

POINT

3 人物の肌をなめらかに 補正しよう　➡ P.74

フィルターと削除ツールを使い、人物の肌を補正します。

POINT

4 特定のレイヤーを選んで 補正しよう　➡ P.80

複数のレイヤーの中から、レイヤーを指定して補正します。

Lesson 01

暗い部分を
明るく補正しよう

選択範囲を作成して補正することで、画像の一部分だけを補正することができます。ここでは、クイック選択ツールを使って選択範囲を作成し、選択した範囲を補正する方法について学びます。

練習ファイル 0401a.jpg   完成ファイル 0401b.psd

1 画像を開く

P.20の方法で、[Chap04]フォルダーの[0401a.jpg]ファイルを開きます。[オブジェクト選択]ツール 🔳 を長押しし❶、[クイック選択]ツール 🖌 をクリックします❷。[ブラシオプションを開く] をクリックし❸、以下のように設定します❹。[ブラシオプションを開く] をクリックし❺、ブラシオプションを閉じます。

直径	150px
硬さ	100%
間隔	25%

2 補正したい部分を選択する

写真の暗い部分を、左の画像のようにドラッグします❶。ドラッグした範囲から自動的に境界線が検出され、暗くなっている部分が選択されました。[オプション]バーの[選択とマスク]をクリックします❷。

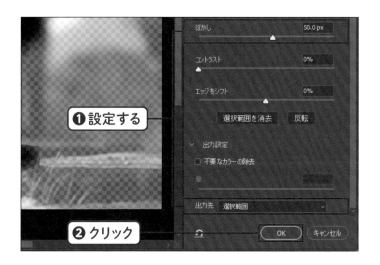

③ 選択範囲を調整する

選択した範囲の境界線をぼかして、補正する箇所がなじむようにします。[属性]パネルで以下のように設定し❶、[OK]をクリックします❷。

グローバル調整

ぼかし	50px

出力設定

出力先	選択範囲

④ 選択した部分を明るく補正する

暗い部分の選択範囲ができたので、[色調補正]タブをクリックして❶、[明るさ・コントラスト] をクリックします❷。[プロパティ]パネルで、以下のように設定します❸。

明るさ	100
コントラスト	-30

⑤ 補正した画像を確認する

選択した範囲に色調補正が適用され、写真の暗い部分が明るく補正されました。P.30の方法で、デスクトップの[Chap04]フォルダーに別名保存します。[名前]は[0401c.psd]とします。保存できたら、ファイルを閉じましょう。

> **MEMO**
>
> ファイルを閉じる方法は、P.21を参照してください。

Lesson 02
色域を指定して補正しよう

Photoshopでは、画像の中の色を使って選択範囲を作成することができます。ここでは、空と植物を色域指定で選択し、それぞれを補正する方法について学びます。

練習ファイル 0402a.jpg 完成ファイル 0402b.psd

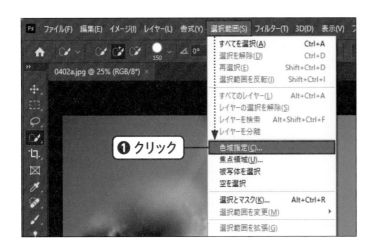

1 画像を開く

P.20の方法で、[Chap04]フォルダーの[0402a.jpg]ファイルを開きます。[選択範囲]メニュー→[色域指定]の順にクリックします❶。

2 選択したい色を指定する

[色域指定]ダイアログボックスが表示されます。左の画面のように、補正したい空の色の部分をクリックします❶。

3 色域の許容量を設定する

[色域指定]ダイアログボックスのプレビュー画面で、白く表示されている部分が選択されている色です。以下のように設定し❶、左の画面のようにプレビューが表示されたら[OK]をクリックします❷。

許容量	140

MEMO

[許容量]では、クリックした色の近似色をどこまで選択範囲に含めるかを設定することができます。

4 選択範囲が作成された

指定した色から、選択範囲が作成されました。

5 色相・彩度を選択する

[色調補正]タブをクリックし❶、[色調補正]パネルを開きます。[色相・彩度]💾をクリックします❷。

❶設定する

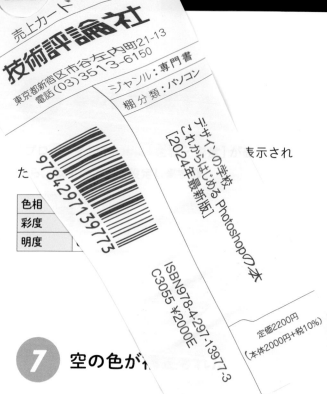

た...表示され

7 空の色が...

空の色を鮮やかに補正できま

❶クリック

8 植物の色を補正する

空の補正ができたので、今度は植物の茎の色を
補正します。[レイヤー]パネルで[背景]レイヤー
をクリックします❶。

9 選択範囲を作成する

P.70の方法で[色域指定]を開き、植物の茎の部分をクリックします❶。茎の色が選択されたら以下のように設定し❷、[OK]をクリックします❸。

許容量	150

写真の一部を選択して補正しよう

10 植物の色を補正する

選択範囲が作成されたら、[色調補正]タブをクリックして❶、[色調補正]パネルを開きます。[色相・彩度] をクリックし❷、[プロパティ]パネルで以下のように設定します❸。

色相	+40
彩度	+20
明度	-15

11 補正した画像を確認する

選択した空と植物の色を補正できました。P.30の方法で、デスクトップの[Chap04]フォルダーに別名保存します。[名前]は[0402c.psd]とします。保存できたら、ファイルを閉じましょう。

> **MEMO**
> ファイルを閉じる方法は、P.21を参照してください。

Lesson 03
人物の肌をなめらかに 補正しよう

人物のポートレート撮影では、肌の補正をすることで清潔感のある印象にすることができます。ここでは、ニューラルフィルターと削除ツールを使って、人物の肌を補正する方法について学びます。

練習ファイル 0403a.jpg 完成ファイル 0403b.psd

1 ニューラルフィルターを選択する

P.20の方法で、[Chap04]フォルダーの[0403a.jpg]ファイルを開きます。[フィルター]メニュー→[ニューラルフィルター]をクリックします❶。

2 補正の準備をする

[ニューラルフィルター]の設定画面が開きました。人物の顔が認識されると、青い枠が表示されます。フィルターの効果を確認しやすいように、P.26の方法で、顔の部分を拡大表示します。[手のひら]ツール 🖐 で画面をドラッグして、人物の顔を見やすい位置に移動します。

> **MEMO**
> ここで顔が認識されていない場合、その画像では人物に関するニューラルフィルターを適用することができません。

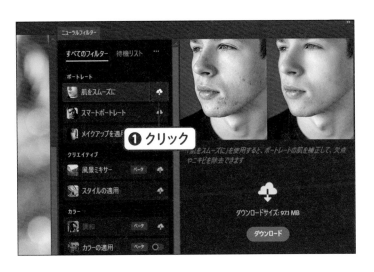

3 フィルターを ダウンロードする

[ニューラルフィルター] のタブで、[すべてのフィルター] タブ内の [ポートレート] の項目から [肌をスムーズに] の ☁ をクリックし❶、フィルターをダウンロードします。

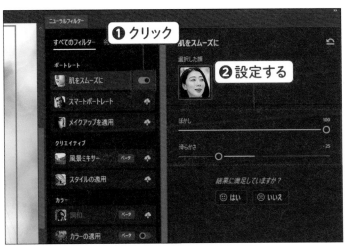

4 フィルターを設定する

[肌をスムーズに] がダウンロードできたら、スイッチ ◯ をクリックします❶。[肌をスムーズに] がオンになったら、以下のように設定します❷。

ぼかし	100
滑らかさ	-25

5 フィルターの範囲を修正する

鼻の部分にフィルターがかかりすぎているので、フィルターの適用範囲を修正します。[ツール] パネルの [現在の選択範囲から一部を削除] ⊖ をクリックし❶、[オプション] バーの [マスクオーバーレイを表示] をクリックしてチェックを外します❷。

6 ブラシの設定をする

[オプション]バーの[ブラシプリセットピッカーを開く] をクリックし❶、以下のように設定します❷。設定ができたら、[ブラシプリセットピッカーを開く] をクリックして閉じます❸。

直径	50px
硬さ	0%
間隔	1%

7 フィルターの適用範囲を削除する

左の画面のようにドラッグして❶、フィルターの適用範囲を削除します。

8 フィルターを適用する

設定ができたら、[出力]のプルダウンメニューから[スマートフィルター]をクリックし❶、[OK]をクリックします❷。

9 肌がなめらかに補正された

［ニューラルフィルター］の［肌をスムーズに］が適用されて、肌がなめらかに補正されました。

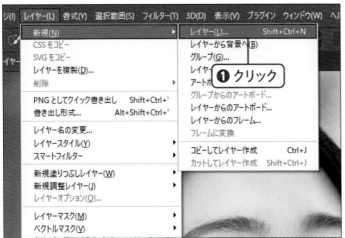

① クリック

10 細かい箇所を補正する

肌全体が補正されたので、今度は細かい箇所を補正していきます。［レイヤー］メニュー→［新規］→［レイヤー］の順にクリックします①。

① 入力する　　　　　　**② クリック**

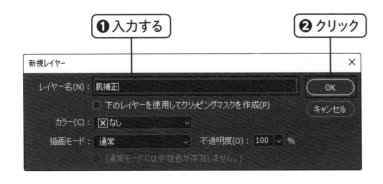

11 レイヤー名を設定する

［新規レイヤー］ダイアログボックスが表示されたら、［レイヤー名］に［肌補正］と入力し①、［OK］をクリックします②。

12 削除ツールを設定する

[ツール]パネルで[削除]ツール ![icon] をクリックし❶、[オプションバー]で以下のように設定します❷。

サイズ	20px
全レイヤーを対象	チェックを入れる

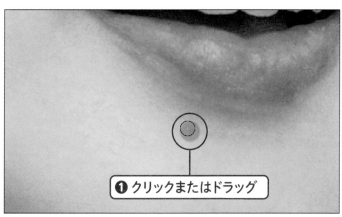

13 肌の細かい箇所を補正する

P.26の方法で顔の部分を拡大して表示し、気になる箇所をクリックまたはドラッグします❶。

> **MEMO**
> ここでは、作業しやすいように画面を約300%に拡大しています。

14 ドラッグした箇所が補正された

肌が補正されて、なめらかになりました。P.30の方法で、デスクトップの[Chap04]フォルダーに別名保存します。[名前]は[0403c.psd]とします。保存できたら、ファイルを閉じましょう。

> **MEMO**
> ファイルを閉じる方法は、P.21を参照してください。

レイヤーについて

レイヤーとは「階層」や「重ね合わせ」を意味します。Photoshopでは、1つのドキュメントの中で、複数のオブジェクトのレイヤーを重ね合わせて管理、表示することができます。レイヤー機能を使うことで、画像を合成する際にレイヤーごとに別々に操作したり、いつでも修正できる状態で文字を入力する、といったことができるようになります。Photoshopの画面上では、レイヤーの透明な部分は白とグレーの市松模様で表示され、下に表示できるレイヤーがある場合は透けて表示されます。

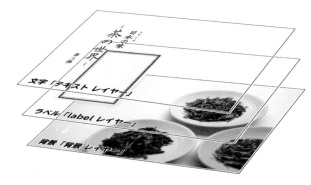

▶ ［レイヤー］パネル

［レイヤー］パネルでできる主な操作は、次の通りです。

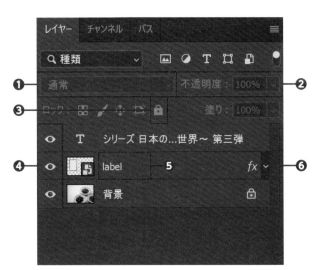

❶ **レイヤーの描画モードの変更**
プルダウンメニューから描画モードを変更できます。

❷ **レイヤーの不透明度の変更**
レイヤーの不透明度を変更できます。

❸ **レイヤーのロック**
レイヤーのロック状態を切り替えることができます。

❹ **レイヤーの表示／非表示の切り替え**
レイヤーの表示／非表示を切り替えることができます。非表示のレイヤーは、ドキュメント上には存在しないように表示されます。

❺ **レイヤー名の変更**
［レイヤー］メニュー→［レイヤー名の変更］をクリックするか、レイヤー名の部分をダブルクリックすることでレイヤー名を変更できます。

❻ **レイヤーの重なり順の変更**
パネル内でレイヤーをドラッグすることで、レイヤーの重なり順を変更できます。

Lesson 04
特定のレイヤーを選んで補正しよう

複数のレイヤーがある状態で、特定のレイヤーのみ補正したい場合は、クリッピングマスクを使用します。
ここでは、かんたんな画像合成を行い、1つのレイヤーのみ色を変更する方法について学びます。

練習ファイル 0404a.jpg　完成ファイル 0404b.psd

1 合成する画像を読み込む

P.20の方法で、[Chap04]フォルダーの[0404a.jpg]ファイルを開きます。[ファイル]メニュー→[埋め込みを配置]の順にクリックします❶。

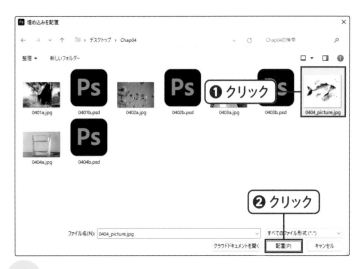

2 画像を選択する

[埋め込みを配置]ダイアログボックスが表示されたら、[Chap04]フォルダーの[0404_picture.jpg]ファイルをクリックし❶、[配置]をクリックします❷。

③ 配置する場所を設定する

元の画像の上に、読み込んだ画像が表示されました。[オプション]バーで以下のように設定し❶、[確定]をクリックします❷。

X	2065px
Y	1630px
W	100%
H	100%

④ 描画モードを変更する

読み込んだ画像が、指定した位置に配置されました。[レイヤー]パネルで[0404_picture]レイヤーが選択されていることを確認し❶、[描画モード]をクリックします❷。

MEMO

[描画モード]では、選択したレイヤーを下のレイヤーに対してどのように描画するのかを設定できます。[通常]では、画像がそのまま重なった状態で描画されます。

⑤ 乗算を選択する

[描画モード]のプルダウンメニューで、[乗算]をクリックします❶。

MEMO

[乗算]に設定すると、下のレイヤーの色と設定したレイヤーの色を掛け合わせた色で描画されます。

6 乗算で合成された

配置した画像の描画モードが[乗算]に変更され、元の画像と色が掛け合わされて合成されました。

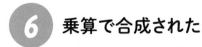

> **MEMO**
>
> [描画モード]は、基本的な合成の方法としてさまざまな場面で使うことができます。[乗算]以外にもいろいろな種類があるので、試してみましょう。

7 配置画像の色を変更する

[色調補正]タブをクリックし❶、[色調補正]パネルを開きます。[色相・彩度]をクリックし❷、[プロパティ]パネルで以下のように設定します❸。

色相	+210
彩度	+70
明度	+10
色彩の統一	チェックを入れる

8 色相・彩度にクリッピングマスクを適用する

このままだとすべてのレイヤーに色調補正が適用されてしまうので、[0404_picture]レイヤーにのみ適用されるようにします。[色相・彩度1]レイヤーが選択されていることを確認し❶、[レイヤー]メニュー→[クリッピングマスクを作成]をクリックします❷。

［色相・彩度1］レイヤーにクリッピングマスクが適
用され、［0404_picture］レイヤーにのみ色調補正
が適用されました。P.30の方法で、デスクトップの
［Chap04］フォルダーに別名保存します。［名前］は
［0404c.psd］とします。保存できたら、ファイルを
閉じましょう。

MEMO

ファイルを閉じる方法は、P.21を参照してください。

CHECK

クリッピングマスクについて

クリッピングマスクが適用されたレイヤーには、直下にあるレイヤーの透明情報が反映されます。下の図は、テキスト
レイヤーの上にある画像レイヤーに、クリッピングマスクを適用した例です。クリッピングマスクを適用した画像が下の
テキストの形状で表示されており、テキストを変更するとリアルタイムでマスクが反映されます。
1つのレイヤーに対して複数のクリッピングマスクを適用したレイヤーを重ねることもできますが、［レイヤー］パネルで
クリッピングマスクの関連レイヤー外に移動すると、移動したレイヤーは強制的にクリッピングマスクが解除されます。
クリッピングマスクを任意で解除するには、［レイヤー］メニュー→［クリッピングマスクを解除］の順にクリックします。

クリッピングマスク

テキストレイヤーに変更を加えた

COLUMN

レイヤーマスクについて

レイヤーマスクの機能を使うことで、レイヤーの不透明度を場所ごとに細かく設定することができます。レイヤーマスクで設定した不透明度は、[レイヤー]パネルの不透明度の設定とは別の設定（αチャンネル）になります。レイヤーマスクの設定はグレースケールの描画で行い、白色で描画されている場所は不透明度100%で表示されている状態、黒色で描画されている場所は不透明度0%の完全に非表示の状態、中間のグレーで描画されている場所は不透明度50%の半透明で表示されている状態で、適用されているレイヤーが表示されます。

レイヤーマスクは、画像レイヤーのデータには直接影響を与えず、各種描画ツールで何度でも描画できます。いつでも修正することができるため、簡易的な部分補正から精密な合成まで幅広く活用することができます。

▶ **レイヤーマスクを適用した画像の例**

右の図は、画像レイヤーにレイヤーマスクを適用し、ボケのあるブラシで描画したものです。ブラシのボケに応じて、レイヤーの不透明度が変化していることがわかると思います。

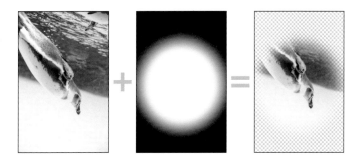

▶ **レイヤーマスクの編集方法**

レイヤーマスクを編集するには、[レイヤー]パネルで編集したい[レイヤーマスク]アイコンをクリックして選択し、描画ツールでドキュメント上に直接描画します。レイヤーマスクが選択されている状態では、描画色と背景色はグレースケールに固定されます。レイヤーマスクに使用できる描画ツールには、以下のようなものがあります。

[ブラシ]ツール

[ブラシ]パネルの設定など、多種多様な設定ができるため、柔軟な形状のマスクを作成できます。

[グラデーション]ツール

不透明部分と透明部分が徐々に変化するマスクを作成できます。

[塗りつぶし]ツール

ムラなく均一なマスクを作成できます。選択範囲を指定して塗りつぶすことで、選択ツールの特色に応じたさまざまなマスクを作成できます。

Chapter

5

写真を合成しよう

Photoshopといえば、一度はやってみたいのが合成写真ではないでしょうか。複数の画像や写真を組み合わせることで、撮影だけでは難しいイメージを形にすることができます。この章では、人物の写真を切り抜いて、背景用に用意した画像に配置して合成します。画像どうしがなじむように修正したり、影の作成も行います。

写真を合成しよう

完成イメージ

POINT 1　POINT 2

POINT 3　POINT 4

この章のポイント

POINT

1 合成用の素材を切り抜こう

➡ P.88

クイック選択ツールを使って、人物の画像を切り抜きます。

POINT

2 切り抜いた画像を配置しよう

➡ P.94

切り抜いた画像を背景用画像に配置します。

POINT

3 マイクをなじませよう

➡ P.98

人物がマイクを持っているように、画像どうしをなじませます。

POINT

4 人物と背景をなじませよう

➡ P.106

配置した人物の画像に影を作成し、背景になじませます。

Lesson 01

合成用の素材を切り抜こう

画像を合成する準備として、合成に必要な素材の人物写真を切り抜きましょう。ここでは、クイック選択ツールを使って人物の写真を切り抜く方法について学びます。

練習ファイル　0501a.jpg　　完成ファイル　0501b.psd

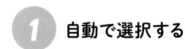

1 自動で選択する

P.20の方法で、[Chap05]フォルダーの[0501a.jpg]ファイルを開きます。[オブジェクト選択]ツール 🔲 を長押しし、[クイック選択]ツール 🖌 をクリックします❶。[オプション]バーの[被写体を選択]をクリックします❷。

2 人物が選択された

メインの被写体として、人物の部分が自動的に選択されました。

> **MEMO**
>
> [被写体を選択]では、画像内からメインの被写体を認識して自動的に選択範囲を作成することができます。

③ クイック選択ツールの設定をする

[オプション]バーで[現在の選択範囲から一部削除] 🖌 をクリックします❶。[ブラシオプションを開く] 🖌 をクリックし❷、以下のように設定します❸。設定ができたら、[ブラシオプションを開く] 🖌 をクリックして閉じます❹。

直径	10px
硬さ	100%
間隔	25%

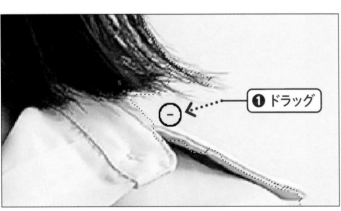

④ 余分な選択範囲を削除する

P.26の方法で画面を拡大します。肩の部分を左の画面のようにドラッグして❶、余分な選択範囲を削除します。

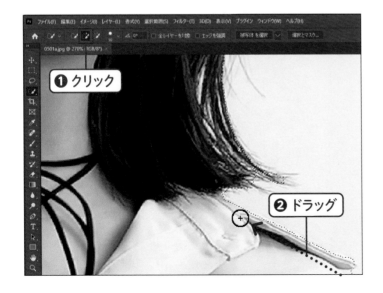

⑤ 選択範囲を追加する

[オプション]バーで[選択範囲に追加] 🖌 をクリックし❶、左の画面のようにドラッグして❷、選択範囲を追加します。余裕があれば他の箇所の選択範囲を確認して、同様の手順で修正してみましょう。

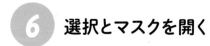

⑥ 選択とマスクを開く

手順❸〜❺の方法で全体の選択範囲を整えたら、[オプション]バーの[選択とマスク]をクリックします❶。

⑦ 選択とマスクが開いた

作成した選択範囲が、[選択とマスク]の画面に表示されます。[属性]パネルの[表示モード]にある[表示モードを選択]をクリックします❶。

MEMO

[選択とマスク]の画面では、[ブラシ]ツールなどを使用して選択範囲を視覚的に修正することができます。

⑧ オーバーレイを選択する

[表示モード]の表示方法のリストが表示されたら、[オーバーレイ]をクリックします❶。[表示モードを選択]をクリックして❷、リストを閉じます。

MEMO

[表示モード]は、画像や背景の色などによって見やすいモードが異なります。必要に応じて、作業しやすいモードに変更しましょう。

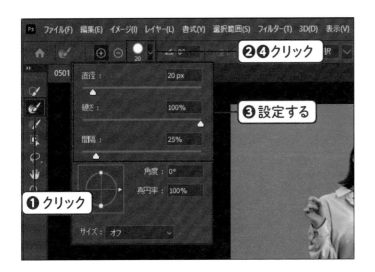
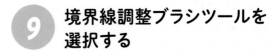

9 境界線調整ブラシツールを選択する

[境界線調整ブラシ]ツール をクリックします❶。[ブラシオプションを開く] をクリックし❷、以下のように設定します❸。設定ができたら、[ブラシオプションを開く] をクリックして閉じます❹。

直径	20px
硬さ	100%
間隔	25%

10 髪の毛の選択範囲を調整する

必要に応じて画面を拡大し、髪の毛の部分を左の画面のようにドラッグします❶。他にも、髪の毛の隙間から背景が見えている個所をドラッグします。

MEMO

全体を確認して気になる箇所があれば、[ブラシ]ツール を使用してP.100の手順❽のように選択範囲を修正してみましょう。

11 選択範囲を出力する

[属性]パネルの[出力設定]で以下のように設定し❶、[OK]をクリックします❷。

不要なカラーの除去	チェックを入れる
量	60%
出力先	新規レイヤー（レイヤーマスクあり）

12 人物の切り抜きが完了した

作成した選択範囲が新規レイヤーとして出力され、人物の部分が切り抜かれました。P.30の方法で、デスクトップの［Chap05］フォルダーに別名保存します。［名前］は［character.psd］とします。保存できたら、ファイルを閉じます。

CHECK

自動選択系のツールに適した画像

今回のように切り抜くことを前提とした画像を用意する際は、作業がしやすいように可能な範囲でシンプルな無地の背景を選んで撮影するとよいでしょう。また、背景の色が強い場合は服や肌に背景の色が反射して写ってしまうため、意図したものでない限りは無彩色の背景にしましょう。

以下の写真は、同じ条件下で背景を変更して撮影したものです。背景に白い紙を置いて撮影した写真の方が被写体の輪郭がハッキリとわかりやすく、切り抜き作業がしやすくなります。このように素材を準備する段階から気をつけることで、スムーズに作業を進めることができます。

室内でそのまま撮影した写真

白い紙を置いて撮影した写真

選択範囲あれこれ

Photoshopの選択範囲機能を使うことで、画像などを部分的に選択することができます。選択した箇所には、移動、変形、コピー、削除、描画、色調補正、レイヤーマスク、フィルターなど、さまざまな機能を適用できます。

▶ 選択範囲を作成できるツール・機能

長方形ツール・楕円形ツール
ドラッグ操作で四角形、円形の選択範囲を作成できます。

クイック選択ツール
ドラッグした箇所の近くの境界線を自動的に判別して、選択範囲を作成します。

なげなわツール
ドラッグした通りに選択範囲を作成できます。マウスのボタンを離すと、始点と終点が自動的につながります。

自動選択ツール
クリックして選択した箇所の近似色から、自動的に選択範囲を作成します。

多角形ツール
クリックした箇所を直線でつないで選択範囲を作成します。ダブルクリックか始点をクリックすると、始点と終点がつながります。

色域指定
指定した色域から、自動的に選択範囲を作成します。

▶ 選択範囲の追加・削除

選択範囲は、作成した後にも選択範囲の追加や削除を行うことができます。追加する場合は、選択範囲を作成するツールを選択し、[オプション]バーの[選択範囲に追加] ■ を選択してからツールを使用します。削除する場合は、同様に[現在の選択範囲から一部削除] ■ を選択してからツールを使用します。

選択範囲の追加

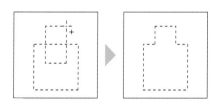

選択範囲の削除

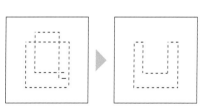

▶ 選択範囲の保存・読み込み

作成した選択範囲は、保存することができます。選択範囲を保存するには、[選択範囲]メニュー→[選択範囲を保存]の順にクリックし、[選択範囲を保存]ダイアログボックスで名前をつけて[新規チャンネル]として保存します。保存した選択範囲を読み込むには、[選択範囲]メニュー→[選択範囲を読み込む]の順にクリックします。

Lesson 02
切り抜いた画像を 配置しよう

レイヤー機能を使うことで、複数の画像をかんたんに合成し、管理することができます。ここでは、切り抜いた画像を背景に配置して、レイアウトする方法について学びます。

練習ファイル 0502a.jpg 完成ファイル 0502b.psd

1 合成写真の背景になる 画像を開く

P.20の方法で、[Chap05] フォルダーの [0502a.jpg] ファイルを開きます。

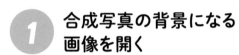

2 画像を配置する

[ファイル] メニュー→ [埋め込みを配置] の順にクリックします❶。

MEMO

画像を配置する方法は複数ありますが、本書では [埋め込みを配置] を使って画像の配置を行います。

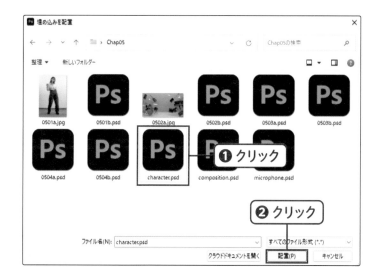

③ 人物の画像を選択する

[埋め込みを配置] ダイアログボックスが表示されたら、P.92で保存した [character.psd] ファイルを選択し❶、[配置] をクリックします❷。

MEMO

P.88で人物の画像を切り抜いていない場合は、完成ファイルの [0501b.psd] ファイルを使用してください。

④ 人物の画像を調整する

Chapter
5

写真を合成しよう

選択した人物画像が表示されたら、背景画像に合わせて大きさを調整します。[オプション] バーで以下のように設定し❶、[確定] ◯ をクリックします❷。

W	50%
H	50%

⑤ 人物の画像を移動する

[移動] ツール ✛ をクリックします❶。左の画面を参考に、人物の画像をドラッグして移動します❷。

MEMO

[移動] ツールで選択した画像は、矢印キーを押して位置を微調整することができます。

 ## マイクを配置する

手順❷の方法で、[Chap05]フォルダーの[micro phone.psd]ファイルを配置し、以下のように設定します❶。

W	55%
H	55%

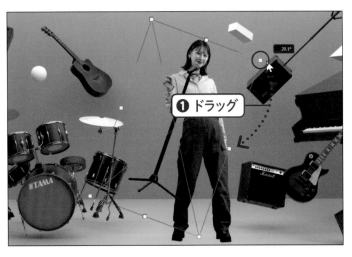

 ## マイクを回転させる

[移動]ツール を選択し、マイクの画像のバウンディングボックスの端にマウスカーソルを持っていきます。マウスカーソルが ❩ の形になったらドラッグし❶、マイクの角度を左の画面のように調整します。

> **MEMO**
>
> [オプション]バーの[回転]⊿に数値を入力して回転することもできます。

マイクの位置を調整する

人物がマイクを持って見えるように位置と角度を微調整し❶、[確定] をクリックします❷。これで、合成に必要な画像の配置とレイアウトができました。P.30の方法で、デスクトップの[Chap05]フォルダーに別名保存します。[名前]は[composition.psd]とします。

レイヤーの種類について

Photoshopにはいろいろな種類のレイヤーや、レイヤーに適用できる機能があります。しかし、多くがアイコンで表示されているため、慣れるまでは少しわかりにくいかもしれません。以下にレイヤーの種類と機能ごとのアイコンを記したので、参考にしてください。

レイヤーの種類

[レイヤー] パネルに作成される主なレイヤーは、下記になります。

ピクセルレイヤー

ビットマップ情報を書き込める、通常使うレイヤーです。

調整レイヤー

[色調補正] パネルから適用される設定が記録されたレイヤーです。適用された各機能のアイコンがレイヤーに表示されます。調整レイヤーの設定は、このレイヤーの下にあるすべてのレイヤーに適用されます。選択することで、いつでも編集できます。

テキストレイヤー

[文字] ツールで作成した情報が記録されたレイヤーです。アイコンをダブルクリックするとテキストの内容を、選択するとテキストの設定をいつでも編集できます。

スマートオブジェクトレイヤー

スマートオブジェクトに関する詳細は、P.112を参照してください。

シェイプレイヤー

[ペン] ツール、各 [シェイプ] ツールで作成したシェイプの情報が記録されたレイヤーです。選択することで、いつでも編集できます。

グループレイヤー

複数のレイヤーをグループ化することで、フォルダーのようにまとめて管理できるレイヤーです。グループの解除をするには、[レイヤー] メニュー→[レイヤーのグループを解除]をクリックします。

背景レイヤー

背景レイヤーは常にロックされており、移動、変形、重なり順、不透明度、描画モードなどの設定を変更することができません。背景レイヤーを解除したい場合は、[レイヤー] メニュー→[新規]→[背景からレイヤーへ]の順にクリックします。

レイヤーに適用される機能

レイヤーに適用できる主な機能は、下記の通りです。

クリッピングマスク (クリップ)

クリッピングマスクに関する詳細は、P.83を参照してください。

レイヤーマスク

レイヤーマスクに関する詳細は、P.84を参照してください。

レイヤー効果 (レイヤースタイル)

レイヤー効果に関する詳細は、P.123を参照してください。

スマートフィルター

スマートフィルターに関する詳細は、P.112を参照してください。

Lesson 03

マイクをなじませよう

配置した画像どうしをなじませるには、重なり順や影が重要になります。ここでは、調整レイヤーとレイヤーマスクを使って、配置した画像どうしをなじませる方法について学びます。

練習ファイル 0503a.psd 完成ファイル 0503b.psd

1 マイクのレイヤーを選択する

P.96で保存した [composition.psd] を開いておきます。[レイヤー] パネルで、[microphone] レイヤーをクリックします❶。

MEMO

前節までの作業を行っていない場合は、[Chap05] フォルダーにある練習ファイルの [0503a.psd] ファイルを開きます。

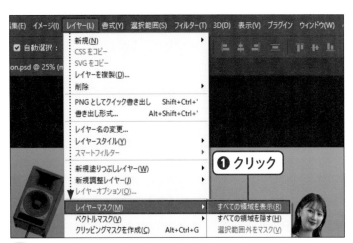

2 レイヤーマスクを作成する

[レイヤー] メニュー→ [レイヤーマスク] → [すべての領域を表示] の順にクリックします❶。

MEMO

[すべての領域を表示]を選んだ場合は、何もマスクされていない状態で[レイヤーマスク]が作成されます。

③ ブラシツールを選択する

[ツール]パネルの[ブラシ]ツール ✏️ をクリックします❶。[オプション]バーの[ブラシプリセットピッカーを開く] ✏️ をクリックします❷。

④ ブラシを設定する

[ブラシプリセットピッカー]が開いたら、以下のように設定します❶。設定ができたら、[ブラシプリセットピッカーを開く] ✏️ をクリックして閉じます❷。

直径	40px
硬さ	95%

⑤ 描画色を設定する

[ツール]パネル下部の[描画色と背景色を初期設定に戻す] ▣ をクリックします❶。[描画色と背景色を入れ替え] ↩ をクリックし❷、[描画色]を「黒色」に設定します。

6　マイクをマスクする

作業しやすいように、P.26の方法で画面を拡大します。左の画面のようにドラッグし❶、指にかかっているマイクの部分を非表示にします。

> **MEMO**
>
> P.28の方法で何度でもやり直せるので、思い切って作業をして大丈夫です。

7　マスクを編集する　その1

[描画色と背景色を入れ替え] をクリックして❶、[描画色]を「白色」に変更します。[オプション]バーの[ブラシプリセットピッカーを開く] をクリックして❷、以下のように設定します❸。

直径	10px
硬さ	90%

8　マスクを編集する　その2

左の画面のようにドラッグし❶、指の形に合わせてマイクを表示します。

> **MEMO**
>
> うまくできなかった場合は、[描画色]を切り替えて繰り返し修正してみましょう。

9 マスクが編集された

人物がマイクを持っているように、マスクを編集できました。

10 レイヤーから選択範囲を作成する

マイクに影をつけて、人物となじませます。[レイヤー]パネルで[microphone]レイヤーが選択されていることを確認し❶、[選択範囲]メニュー→[選択範囲を読み込む]の順にクリックします❷。

11 選択範囲を読み込む

[選択範囲を読み込む]ダイアログボックスが表示されたら、[チャンネル]で[microphone 透明部分]を選択し❶、[OK]をクリックします❷。

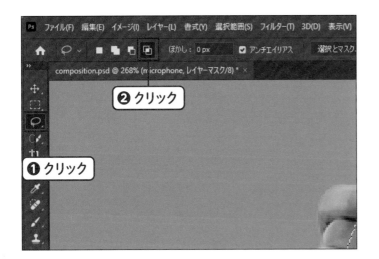

12 なげなわツールを選択する

マイクの選択範囲が作成されたら、[なげなわ]
ツール ☺ をクリックし❶、[オプション]バーの
[現在の選択範囲との共通範囲] 🔲 をクリックし
ます❷。

> **MEMO**
>
> [現在の選択範囲との共通範囲] 🔲では、現在の選択範
> 囲と新規の選択範囲の共通部分のみが残されます。

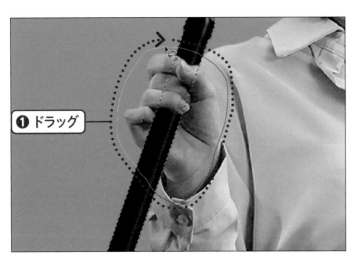

13 余分な選択範囲を削除する

手の部分にのみマイクの影がほしいので、左の画
面のように手を囲むようにドラッグします❶。これ
で、マイクの選択範囲のうち、手の周辺部分のみ
が残されました。

14 選択範囲に色調補正を適用する

手の周りにマイクの選択範囲が作成できたら、[色
調補正]パネルで[明るさ・コントラスト] 🔅 をク
リックします❶。マイクと人物の間に影を作りたい
ので、[レイヤー]パネルで[明るさ・コントラスト
1]調整レイヤーを[character]レイヤーの上にド
ラッグして移動します❷。

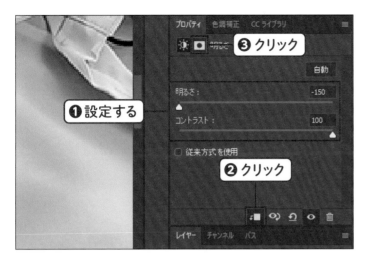

15 明るさ・コントラストを設定する

[プロパティ]パネルで、以下のように設定します
❶。[レイヤーにクリップ] ■ をクリックし❷、
[character]レイヤーのみ補正されるようにクリッ
ピングマスクを適用します。[プロパティ]パネルの
[マスク] ● をクリックします❸。

明るさ	-150
コントラスト	100

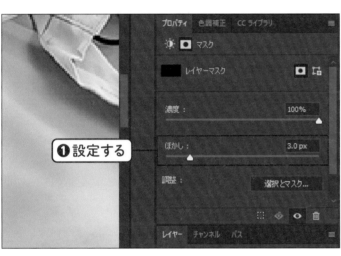

16 マスクの設定をする

[レイヤーマスク]の設定が表示されたら、以下の
ように設定します❶。

ぼかし	3px

17 ブラシツールを選択する

指に影がかかってしまっているので、修正します。
[ブラシ]ツール ／ をクリックし❶、[オプション]
バーの[ブラシプリセットピッカーを開く] をク
リックします❷。

18 ブラシの設定をする

[ブラシプリセットピッカー] が開いたら、以下の
ように設定します❶。設定ができたら、[ブラシプ
リセットピッカーを開く] ![brush] をクリックして閉じま
す❷。

直径	25px
硬さ	60%

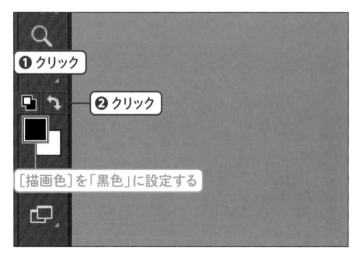

19 描画色を黒色にする

[ツール]パネル下部の[描画色と背景色を初期設
定に戻す] ![icon] をクリックします❶。[描画色と背
景色を入れ替え] ![icon] をクリックし❷、[描画色]を
「黒色」に設定します。

20 マスクを編集する

左の画面のようにドラッグして❶、指にかかってし
まっている影を非表示にします。

21 マイクの影がついた

手がマイクの形で暗く補正されて、影のようになりました。

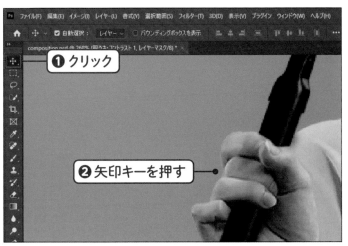

22 影を移動する

[移動] ツール をクリックします❶。キーボードの矢印キーを押して、影の位置を移動します❷。ここでは、右方向に2回キーを押しています。

23 マイクがなじんだ

マイクをマスクして影をつけたことで、人物がマイクを持っているように合成できました。[ファイル] メニュー→[保存]の順にクリックして、[composition.psd]ファイルを上書き保存します。

Lesson 04

人物と背景をなじませよう

マイクと人物がなじんだので、今度は人物に影をつけて背景の画像となじませます。ここでは、人物のレイヤーからグラデーションを作成して影をつける方法について学びます。

練習ファイル 0504a.psd 完成ファイル 0504b.psd

❶ クリック

人物レイヤーを選択する

P.105で保存した[composition.psd]を開いておきます。人物のレイヤーから影を作成するために、[レイヤー]パネルで[character]レイヤーをクリックします❶。

> **MEMO**
>
> 前節までの作業を行っていない場合は、[Chap05]フォルダーにある[0504a.psd]ファイルを開きます。

❶ クリック

2 人物レイヤーから選択範囲を作成する

[選択範囲]メニュー→[選択範囲を読み込む]の順にクリックします❶。

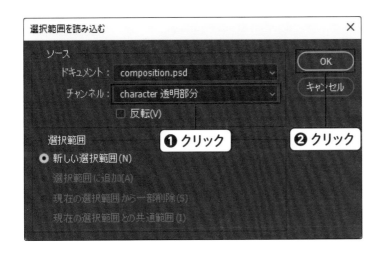

3 選択範囲を読み込む

［選択範囲を読み込む］ダイアログボックスが表示されたら、［チャンネル］で［character 透明部分］をクリックし❶、［OK］をクリックします❷。

4 描画色を黒色にする

［ツール］パネル下部の［描画色と背景色を初期設定に戻す］■をクリックし❶、［描画色］を「黒色」に設定します。

5 塗りつぶしレイヤーを作成する

［レイヤー］メニュー→［新規塗りつぶしレイヤー］→［グラデーション］の順にクリックします❶。

6 新規レイヤーの設定をする

[新規レイヤー] ダイアログボックスが表示されたら、[レイヤー名] に [人物影] などのわかりやすい名前を入力し❶、[OK] をクリックします❷。

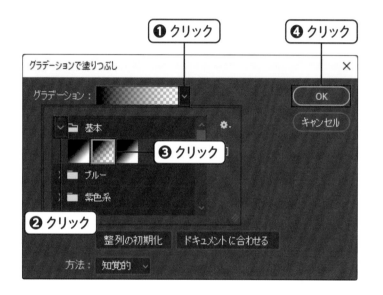

7 グラデーションで塗りつぶしの設定をする

[グラデーションで塗りつぶし] ダイアログボックスが表示されたら、[グラデーションプリセットを選択] をクリックします❶。[基本] の ▶ をクリックして展開し❷、[描画色から透明に] をクリックします❸。設定ができたら、[OK] をクリックします❹。

8 レイヤーの順番を入れ替える

人物の形でマスクされた [グラデーション塗りつぶし] レイヤーが作成できたら、[レイヤー] パネルで [人物影] レイヤーを [背景] レイヤーの上にドラッグして移動します❶。

⑨ レイヤーマスクを選択する

[編集] メニュー → [変形] → [多方向に伸縮] の順にクリックします❶。

⑩ マスクを変形する その1

レイヤーマスクの [バウンディングボックス] が表示されて変形できる状態になったら、上部中央のハンドルをドラッグして❶、左の画面のように変形します。

⑪ マスクを変形する その2

下部中央のハンドルをドラッグし❶、左の画面のように足と影の位置を合わせます。変形できたら、[オプション] バーの [確定] ◯ をクリックします。

MEMO

ドラッグする際に、Alt キー（macOS の場合は command キー）を押すことで、変形時に微調整することができます。

12 マスクの設定をする

[レイヤー]パネルで[人物影]レイヤーの[レイヤーマスクサムネール]をクリックして選択します❶。[レイヤーマスク]が選択できたら、[プロパティ]パネルで以下のように設定します❷。

ぼかし	10px

13 グラデーションを選択する

[グラデーション塗りつぶし]レイヤーをクリックして❶、グラデーションを選択します。

14 グラデーションツールを選択する

[グラデーション]ツール■をクリックします❶。選択されているグラデーションの[グラデーションウィジェット]が表示されます。

15 グラデーションを移動する

[グラデーションウィジェット]の白いバーの上に
マウスカーソルを持っていき、▶⊹ の状態になった
ら左の画面のようにドラッグして❶、グラデーショ
ンを移動します。

16 グラデーションを設定する

位置の設定ができたら、左の画面のように[グラ
デーションウィジェット]の上部[カラー分岐点]
をドラッグし❶、グラデーションの範囲を設定し
ます。

17 人物に影がついた

グラデーションの影が作成されて、人物と背景が
なじみました。これで画像の合成は完成ですが、
もう少しキレイになじませたい場合は、追加で影
を作成したり、影の設定を変更してみるとよいで
しょう。[ファイル]メニュー→[保存]の順にクリッ
クし、[composition.psd]ファイルを上書き保
存します。

スマートオブジェクトについて

スマートオブジェクトレイヤーは、通常のレイヤーとは画像の扱い方が大きく異なります。スマートオブジェクトに変換されたレイヤー、スマートオブジェクトとして配置されたレイヤーは、スマートオブジェクトに変換される前のデータを、別のファイルとしてスマートオブジェクトレイヤー内に保持しています。

スマートオブジェクトレイヤーに変形などを適用すると、保持されている元のデータには変更を加えることなく、新しく元データに変更を加えたデータを作成して表示します。このため、元のデータは常に保たれた状態で何度でも変更を加えることができます。

右の図は「通常のレイヤー」と「スマートオブジェクトレイヤー」に対して「縮小」後に「元の大きさに拡大」の変形を適用した例です。通常のレイヤーは縮小時に画質が低下し、再度の拡大に耐えられませんが、スマートオブジェクトレイヤーでは元のデータが残っているのでキレイなままです。

通常のレイヤー

スマートオブジェクトレイヤー

▶ スマートオブジェクト内のデータを編集する

スマートオブジェクト内に保持されているデータを直接編集したい場合は、［レイヤー］パネルでスマートオブジェクトレイヤーを選択し、［レイヤー］メニュー→［スマートオブジェクト］→［コンテンツを編集］の順にクリックします。保持されているデータが別ファイルとして開き、通常の画像と同じように編集できるようになります。編集後は［ファイル］メニュー→［保存］の順にクリックしてからファイルを閉じることで、スマートオブジェクトレイヤーに適用されます。

▶ スマートフィルター

スマートオブジェクトレイヤーに適用されるフィルターは、すべてスマートフィルターとして適用されます。スマートフィルターとして適用されたフィルターは、いつでもフィルターの再編集、フィルターを適用した順番の変更、フィルターごとの表示、非表示、削除などを行うことができます。

スマートフィルターが適用されたスマートオブジェクトレイヤーには のマークがつき、レイヤーの下に［スマートフィルター］→［適用したフィルター名］のように表示されます。また、スマートフィルターの横に［スマートフィルターマスク］がすべての領域を表示の状態で自動的に作成され、マスクでフィルターの適用範囲を制御することができます。

フィルターを再編集するには、フィルター名の部分をダブルクリックすることで、適用したフィルターのダイアログボックスが表示されます。

［レイヤー］パネル上でスマートフィルターの表示が邪魔な場合は、スマートオブジェクトレイヤーの をクリックすることでスマートフィルターのリストを非表示にできます。

Chapter

6

ポストカードを作ろう

あまりイメージがない人もいると思いますが、Photoshop でも文字や図形を作成することができます。この章では、架空のお店をモチーフにポストカードを作成します。画像や文字をレイアウトして、図形を使ってかんたんな地図を作成します。完成したポストカードはプリンターで印刷して、実際のできばえを確認してみましょう。

ポストカードを作ろう

完成イメージ

POINT 1

POINT 2

POINT 3

POINT 4

POINT 5

POINT 6

POINT 7

POINT 8

この章のポイント

Lesson 01

素材の準備をしよう

この章で制作するポストカードは、文字の書かれた黒板が配置されているイメージにします。ここでは単純な背景の画像を選択し、マスクを直接作成する方法について学びます。

練習ファイル **0601a.jpg**　完成ファイル **0601b.psd**

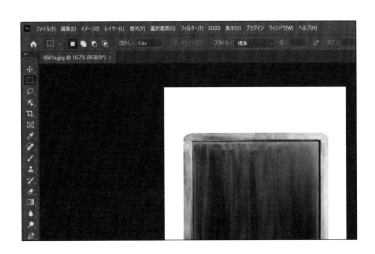

1 画像を開く

P.20の方法で、[Chap06] フォルダーの [0601a.jpg] ファイルを開きます。

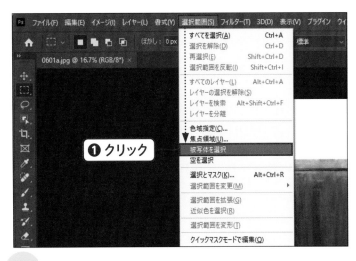

2 自動で選択する

[選択範囲] メニュー→ [被写体を選択] をクリックします❶。

③ 選択範囲が作成された

メインの被写体として、黒板の部分が自動的に選択されました。

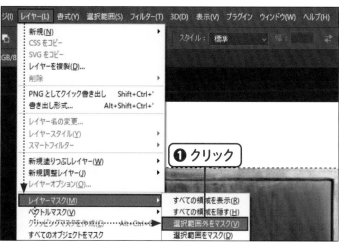

❶ クリック

④ 選択範囲からレイヤーマスクを作成する

[レイヤー] メニュー→ [レイヤーマスク] → [選択範囲外をマスク] の順にクリックします❶。

Chapter
6
ポストカードを作ろう

⑤ 黒板が切り抜かれた

選択範囲外の白地の部分がマスクされて、黒板が切り抜かれました。P.30の方法で、デスクトップの [Chap06] フォルダーに別名保存します。[名前]は[blackboard.psd]とします。保存できたら、ファイルを閉じましょう。

> **MEMO**
> ファイルを閉じる方法は、P.21を参照してください。

Lesson 02

ポストカードのベースを作ろう

新しくできたカフェを告知するポストカードを作ります。ここでは、ポストカードサイズのドキュメントを新しく作成し、画像を背景レイヤーに変更する方法について学びます。

練習ファイル　0602a.jpg　完成ファイル　0602b.psd

 新規ドキュメントを作成する

[ファイル] メニュー→ [新規] の順にクリックします。[新規ドキュメント] ダイアログボックスが表示されたら以下のように設定し❶、[作成] をクリックします❷。

幅	148ミリメートル
高さ	100ミリメートル
解像度	350ピクセル/インチ
カンバスカラー	透明

※単位の[ミリメートル][ピクセル/インチ]も設定する必要があります。

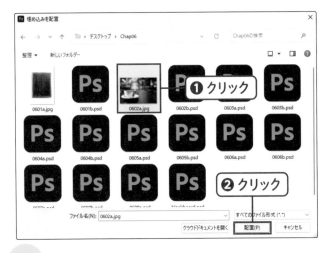

 背景画像を配置する

新規ドキュメントが作成できました。ポストカードの背景にする画像を配置します。[ファイル] メニュー→ [埋め込みを配置] の順にクリックします。[Chap06] フォルダーの [0602a.jpg] ファイルをクリックし❶、[配置] をクリックします❷。

3 配置した画像を確定する

画像が配置されました。[オプション]バーで、[確定] をクリックします❶。

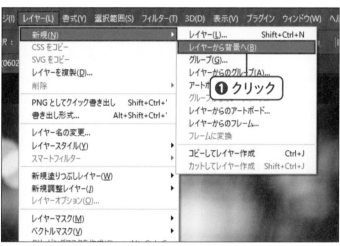

4 配置した画像を背景に設定する

[レイヤー]メニュー→[新規]→[レイヤーから背景へ]の順にクリックします❶。

┌─ MEMO ─┐

[背景]レイヤーについて、詳しくはP.97を参照してください。

5 ポストカードのベースが完成した

ポストカードのサイズで背景画像を設定したドキュメントができました。P.30の方法で、デスクトップの[Chap06]フォルダーに別名保存します。[名前]は[postcard.psd]とします。

Lesson 03

黒板の画像を配置しよう

作成したポストカードのベースに、文字をレイアウトするベースとなる黒板の画像を配置します。ここでは、配置した画像をロックして、他の作業中に移動や変形などができないようにする方法について学びます。

練習ファイル 0603a.psd 完成ファイル 0603b.psd

1 黒板の画像を配置する

P.118の手順❷の方法で、P.116で切り抜いた黒板の画像[blackboard.psd]を配置します❶。[オプション]バーで以下のように設定し❷、[確定]○をクリックします❸。

W	38%	H	38%

> **MEMO**
> P.116で画像を切り抜いていない場合は、完成ファイルの[0601b.psd]ファイルを使用します。

2 画像の位置を調整する

黒板の画像をポストカード上に配置できたら、[移動]ツール ✛ をクリックします❶。左の画面のように、黒板をドラッグして移動します❷。

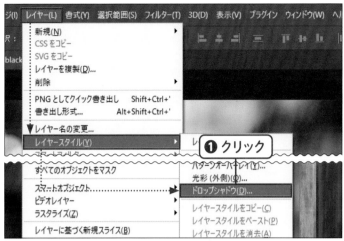

3 配置した画像に影をつける

[レイヤー]メニュー→[レイヤースタイル]→[ド
ロップシャドウ]の順にクリックします❶。

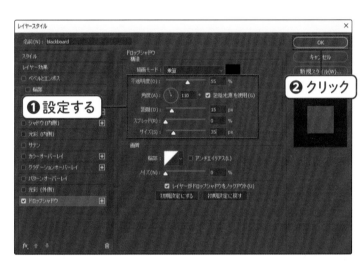

4 ドロップシャドウを設定する

[レイヤースタイル]ダイアログボックスが表示され
ます。[ドロップシャドウ]の項目を以下のように
設定し❶、[OK]をクリックします❷。

不透明度	55%
角度	110°
距離	15px
スプレッド	0%
サイズ	35px

5 黒板に影がついた

配置した黒板のレイヤーに[ドロップシャドウ]が
適用されて、影がつきました。

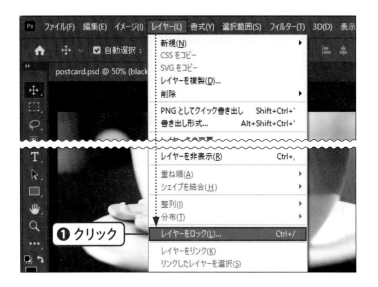

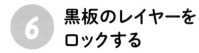

6 黒板のレイヤーを ロックする

[レイヤー] メニュー→ [レイヤーをロック] の順に
クリックします❶。

7 ロックの設定をする

[リンクしたすべてのレイヤーをロック] ダイアログ
ボックスで、[すべて] をクリックしてチェックを入
れ❶、[OK] をクリックします❷。

8 レイヤーがロックされた

[blackboard] レイヤーがロックされて、[レイ
ヤー] パネルの [blackboard] レイヤーにカギの
アイコン 🔒 がつきました。[ファイル] メニュー→
[保存] の順にクリックし、[postcard.psd] を上
書き保存します。

> **MEMO**
>
> ロックされたレイヤーについたアイコン🔒をクリックする
> と、ロックを解除できます。また [レイヤー] パネルの [ロッ
> ク] の項目からも、各レイヤーのロックを制御できます。

レイヤースタイルについて

レイヤースタイルでは、影や光などのさまざまな効果をレイヤーに対して適用することができ、それぞれの効果を［レイヤー効果］と呼びます。レイヤースタイルはレイヤー内の不透明な部分に適用され、レイヤーの内容を変更した場合は、変更内容に合わせて自動的に効果が反映されます。そのため、レイヤースタイルを適用したレイヤーに新しく描画をしたり、テキストの内容を変更した場合なども常に効果が反映されます。

Photoshopには、あらかじめレイヤー効果を組み合わせた［スタイル］が用意されています。それらを適用して編集してみると、レイヤースタイルの効果や組み合わせなどについての理解が進みます。

用意されている［スタイル］を適用するには、［レイヤー］メニュー→［レイヤースタイル］→［レイヤー効果］の順にクリックします。［レイヤースタイル］ダイアログボックスが表示されたら、左のリストにある［スタイル］をクリックします。

適用されているレイヤースタイルを削除するには、［レイヤー］メニュー→［レイヤースタイル］→［レイヤースタイルを削除］の順にクリックします。

以下にレイヤー効果の一例を用意したので、参考にしながらレイヤー効果を試してみましょう。

▶ **シェイプにレイヤースタイルを適用した例**

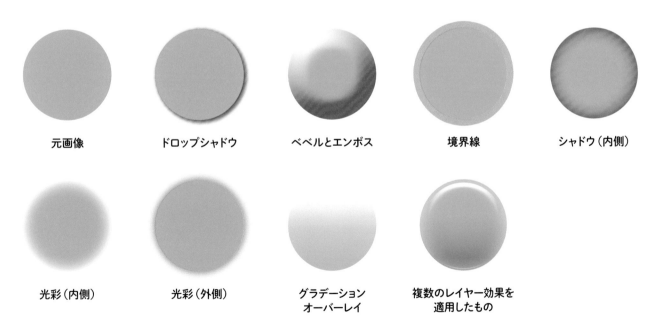

元画像　　　ドロップシャドウ　　　ベベルとエンボス　　　境界線　　　シャドウ（内側）

光彩（内側）　　　光彩（外側）　　　グラデーションオーバーレイ　　　複数のレイヤー効果を適用したもの

Lesson 04

お店のロゴを作ろう

レイヤーに縁取りや影をつける機能を使用して、文字を装飾したかんたんなお店のロゴを作成します。ここでは、レイヤースタイル機能を使って、入力した文字レイヤーに装飾をつける方法について学びます。

練習ファイル 0604a.psd　完成ファイル 0604b.psd

1 文字を設定する

[横書き文字]ツール をクリックします❶。[オプション]バーで以下のように設定し❷、[テキストカラーを設定]をクリックします❸。

フォント	Seria Pro
フォントスタイル	Bold
フォントサイズ	25pt

2 文字の色を設定する

[カラーピッカー(テキストカラー)]ダイアログボックスが表示されます。以下のように設定し❶、[OK]をクリックします❷。

R	45
G	90
B	10

③ 文字の入力場所を指定する

左の画面を参考に黒板の上でクリックし❶、文字を入力する場所を指定します。黒板の上に、［文字カーソル］が表示されます。

④ 文字を入力する

半角英数で［Cafe 67］と入力し❶、［オプション］バーで［確定］⭕ をクリックします❷。

⑤ 文字の位置を調整する

［移動］ツール ✛ をクリックします❶。左の画面のように文字をドラッグして❷、位置を調整します。細かな位置はあとから整えるので、ここではざっくりで大丈夫です。

> **MEMO**
>
> ［移動］ツール ✛ で選択したレイヤーは、矢印キーを押して位置を微調整することができます。

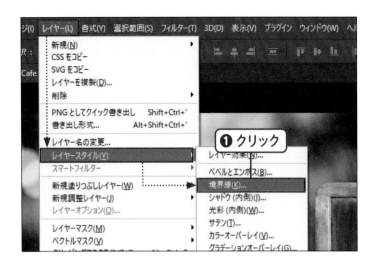

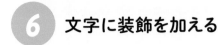

6 文字に装飾を加える

少し寂しいので、[レイヤースタイル]の機能を使って文字を装飾しましょう。[レイヤー]メニュー→[レイヤースタイル]→[境界線]の順にクリックします❶。

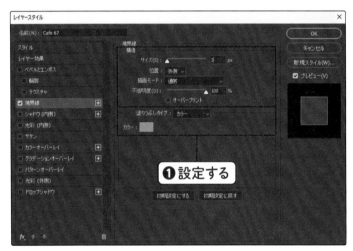

7 境界線を設定する

[レイヤースタイル]ダイアログボックスが表示されます。[境界線]の項目で、以下のように設定します❶。

構造	
サイズ	3px
位置	外側

塗りつぶしタイプ		
	R	190
カラー	G	170
	B	145

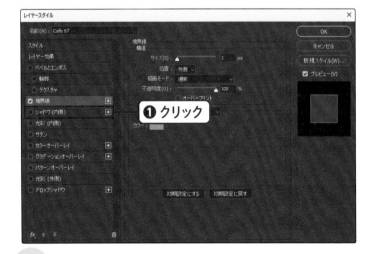

8 シャドウ（内側）を適用する

[境界線]の設定ができたら、文字の内側に影をつけるための設定を行います。[レイヤー効果]のリストから、[シャドウ（内側）]をクリックします❶。

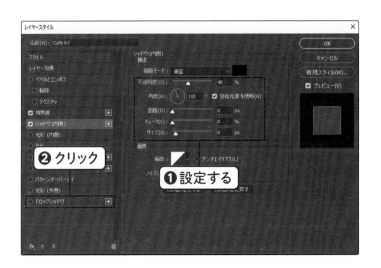

シャドウ（内側）を設定する

[シャドウ（内側）]の項目が表示されたら、以下のように設定します❶。続けて[レイヤー効果]のリストから[ドロップシャドウ]をクリックします❷。

不透明度	40%
距離	0px
チョーク	0%
サイズ	8px

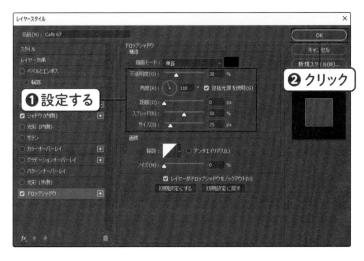

ドロップシャドウを設定する

[ドロップシャドウ]の項目が表示されたら、以下のように設定します❶。設定ができたら、[OK]をクリックします❷。

不透明度	30%
距離	0px
スプレッド	50%
サイズ	25px

シンプルなロゴが完成した

入力した文字のレイヤーに[レイヤースタイル]で縁取りと影が設定されて、シンプルなロゴが完成しました。[ファイル]メニュー→[保存]の順にクリックし、[postcard.psd]を上書き保存します。

Lesson 05
チョークで書いたような 文字を作ろう

黒板にチョークで書いたようなイメージで、ポストカードの見出しを作成します。ここでは、文字に複数の
フィルターを適用してチョークで書いたように加工し、合成する方法について学びます。

練習ファイル 0605a.psd 完成ファイル 0605b.psd

1 文字の設定をする

[横書き文字] ツール をクリックし❶、黒板の
上でクリックします❷。[文字カーソル] が表示さ
れたら、[オプション] バーで以下のように設定し
❸、[テキストカラーを設定] をクリックします❹。

フォント	小塚ゴシック Pro
フォントスタイル	H
フォントサイズ	15pt

2 文字の色を設定する

[カラーピッカー (テキストカラー)] ダイアログボッ
クスが表示されたら、以下のように設定します❶。
[OK] をクリックします❷。

R	255
G	255
B	255

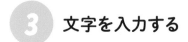

③ 文字を入力する

以下の文字を半角英数で入力し❶、［オプション］バーで［確定］○ をクリックします❷。

2024.10/27 OPEN!!

④ 長方形ツールを選択する

［長方形］ツール ▭ をクリックし❶、［オプション］バーで［シェイプの塗りを設定］をクリックします❷。［グレースケール］の横の ❯ をクリックして展開し❸、［ブラック］をクリックします❹。［シェイプの塗りを設定］をクリックし❺、設定を閉じます。線にカラーが設定されている場合は、［カラーなし］に設定します❻。

⑤ 長方形を作成する

左の画面のように、入力した「2024.10/27 OPEN!!」のテキストを囲むようにドラッグし❶、文字より一回り大きい長方形を作成します。

MEMO

ここで作成した長方形は、文字にフィルターを適用するために必要になります。

6 レイヤーの重なり順を入れ替える

このままでは文字が見えないので、[レイヤー]パネルで[長方形 1]レイヤーを[2024.10/27 OPEN!!]レイヤーの下にドラッグして移動します❶。

7 レイヤーの重なり順が入れ替わった

シェイプレイヤーの重なり順がテキストレイヤーの下に変更され、黒い長方形の上に文字が乗った状態になりました。

8 2つのレイヤーを選択する

[移動]ツール ⊕ をクリックします❶。左の画面のようにドラッグして❷、シェイプレイヤーとテキストレイヤーを同時に選択します。

MEMO

[オプション]バーで[自動選択]にチェックが入っていない場合は、作業画面上でレイヤーを選択することができません。P.23を参照してチェックを入れておきましょう。

スマートオブジェクトに
変換する

2つのレイヤーが選択されたら、［レイヤー］メ
ニュー→［スマートオブジェクト］→［スマートオブ
ジェクトに変換］の順にクリックします❶。

> **MEMO**
>
> スマートオブジェクトに変換することで、文字と長方形を1
> つのレイヤーとしてフィルターを適用できるようになります。

1つ目のフィルターを
適用する

スマートオブジェクトに変換されたら、［フィル
ター］メニュー→［フィルターギャラリー］の順にク
リックします❶。

フィルターギャラリーを
設定する

［フィルターギャラリー］ダイアログボックスが開き
ます。［スケッチ］の項目をクリックし❶、［チョー
ク・木炭画］をクリックします❷。

> **MEMO**
>
> フィルターの色が画面と違う場合は、P.99の手順❺の方
> 法で［ツール］パネルにある［描画色と背景色を初期設定
> に戻す］をクリックします。

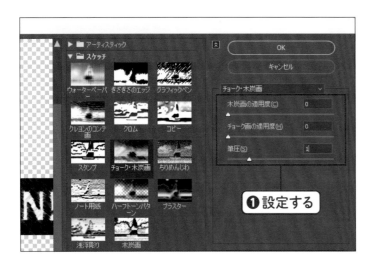

12 チョーク・木炭画を設定する

[チョーク・木炭画]が選択されたら、以下のように設定します❶。

木炭画の適用度	0
チョーク画の適用度	0
筆圧	1

13 新しいフィルターを作成する

2つ目のフィルター用のレイヤーを追加します。[新しいエフェクトレイヤー] ⊞ をクリックします❶。

14 2つ目のフィルターを適用する

新しいエフェクトレイヤーが追加されました。[ブラシストローク]の項目をクリックし❶、[ストローク(スプレー)]をクリックします❷。

⑮ ストローク（スプレー）を設定する

［ストローク（スプレー）］が選択されたら以下のように設定し❶、［OK］をクリックします❷。

ストロークの長さ	20
スプレー半径	0
ストロークの方向	右上から左下

⑯ 文字を合成する

レイヤーにフィルターが適用され、チョークで書かれたようなイメージになりました。このままでは黒地が邪魔なので［レイヤー］パネルの［描画モード］をクリックし❶、プルダウンメニューから［比較（明）］をクリックします❷。

⑰ チョークで書いたような文字が完成した

文字と黒板が合成されました。［移動］ツール ✛ をクリックし❶、文字をドラッグして❷、左の画面のように位置を調整すれば、見出しの完成です。［ファイル］メニュー→［保存］の順にクリックし、［postcard.psd］を上書き保存します。

ポストカードに本文を入力しよう

ポストカードの本文を入力します。長い文章の場合は、段落を制御すると見ばえがよくなります。ここではテキストボックスを使って、段落の設定をしたテキストを作成する方法について学びます。

練習ファイル **0606a.psd**　完成ファイル **0606b.psd**

1 文字パネルを表示する

［ウィンドウ］メニュー→［文字］の順にクリックします❶。

2 文字の書式を設定する

［文字］パネルが表示されたら、以下のように設定します❶。

フォント		FOT-筑紫 B 丸ゴシック Std
フォントスタイル		B
フォントサイズ		6pt
行送り		11pt
カラー	R	255
	G	255
	B	255

③ 段落パネルを表示する

[段落] アイコン ¶ をクリックし❶、[段落] パネルを展開します。

> **MEMO**
>
> [アイコン] パネルに [段落] アイコン ¶ が表示されていない場合は、[ウィンドウ] メニュー→[段落] の順にクリックして [段落] パネルを表示します。

④ 段落を設定する

ここから複数行の文章を入力するので、段落の設定をします。[段落] パネルで [均等配置 (最終行左揃え)] ▤ をクリックします❶。設定ができたら、[段落] アイコン ¶ をクリックし❷、パネルをアイコン化します。

⑤ テキストボックスを作成する

[横書き文字] ツール T をクリックします❶。左の画面のように黒板の上をドラッグし❷、テキストボックスを作成します。

6 文字を入力する

テキストボックスが作成できたら、以下の文章を入力します❶。

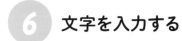

> 豆町駅近くにCafe 67をオープンすることになりました。本ハガキをお持ちいただくと、焼きたてマフィンをサービスさせていただきます！みなさまふるってご来店ください。

7 テキストボックスの大きさを調整する

テキストボックスの下側にマウスカーソルを移動します。マウスカーソルの形が ↕ になったらドラッグし❶、入力したテキストの量に合わせてテキストボックスの大きさを調整します。作成したテキストボックスのサイズに問題がない場合は、そのままで問題ありません。

8 テキストボックスの位置を調整する

テキストボックスの外側にマウスカーソルを移動します。マウスカーソルの形が ▶↔ になったらドラッグして❶、テキストボックスの位置を調整します。

⑨ テキストを確定する

文字の入力とテキストボックスの調整が終わったら、[オプション]バーで[確定]〇をクリックします❶。

⑩ 本文が完成した

ポストカードの本文が完成しました。

⑪ 住所を入力する

[横書き文字]ツール T をクリックします❶。黒板の上でクリックし、以下のように入力します❷。入力できたら、[オプション]バーの[確定]〇をクリックします❸。

Cafe 67
常緑県　焙煎市　豆町　6-7-67

12 文字の書式を設定する

[文字]アイコン A をクリックし❶、[文字]パネルで以下のように設定します❷。

フォント	FOT-筑紫B丸ゴシック Std
フォントスタイル	B
フォントサイズ	5pt
行送り	11pt
トラッキング	50

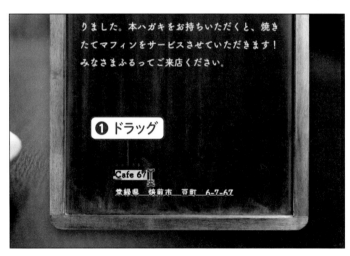

13 文字の一部を選択する

文字にマウスカーソルを近づけ、マウスカーソルの形が I になったら「Cafe 67」の文字をドラッグします❶。

> **MEMO**
>
> マウスカーソルの形が I（破線の四角がある）ならテキストボックスの作成、I（破線の四角がない）なら文字の選択ができます。

14 選択した文字の書式設定をする

[文字]パネルで以下のように設定し❶、[太字] T 、[斜体] T 、[下線] T の3つをクリックして選択します❷。設定ができたら、[オプション]バーの[確定] O をクリックします❸。

フォントサイズ	6pt

15 段落パネルを表示する

［段落］アイコン ¶ をクリックし❶、［段落］パネルを展開します。

16 段落を設定する

［段落］パネルで、［中央揃え］ ☰ をクリックします❶。［段落］アイコン ¶ をクリックし❷、パネルをアイコン化します。

17 文字の位置を調整する

［移動］ツール ✛ をクリックします❶。文字をドラッグし❷、上の本文と中心が合うように位置を調整します。

> **MEMO**
> 中央の空いているスペースには、今後の手順で地図を作成するのでこのまま空けておきましょう。

18 ポストカードのテキストが完成した

ポストカードのテキスト部分が完成しました。[ファイル] メニュー→[保存] の順にクリックし、[postcard.psd] を上書き保存します。

CHECK

段落設定

[段落] パネルでは、行揃えや禁則処理などの段落に関する設定を行うことができます。

● 行揃え

行揃えでは、段落の水平方向の位置を設定することができます。

▤ 左揃え	▤ 中央揃え	▤ 右揃え
最も野生に近い栽培方法。切り株に直接菌を付ける方法から、一定の長さに切断したホダ木を用いる方法などがある。 一般に原木栽培と言えば、普通原木栽培を指すことが多い。	最も野生に近い栽培方法。切り株に直接菌を付ける方法から、一定の長さに切断したホダ木を用いる方法などがある。 一般に原木栽培と言えば、普通原木栽培を指すことが多い。	最も野生に近い栽培方法。切り株に直接菌を付ける方法から、一定の長さに切断したホダ木を用いる方法などがある。 一般に原木栽培と言えば、普通原木栽培を指すことが多い。

● 禁則処理

禁則処理では、行頭行末の約物の処理方法を設定することができます。日本工業規格に基づいた [強い禁則] と [弱い禁則] が用意されているので、必要に応じて設定します。

> 都道府県は、基本方針に即し、当該都道府県における

● 文字組み

文字組みでは、日本語テキストの約物 (句読点や疑問符、括弧など) の間隔を設定することができます。[約物半角] に設定すると、約物の文字間隔が半角表示に変更されます。

> 都道府県は、基本方針に即し、当該都道府県における茶

文字設定について

Photoshopで文字を入力するには、各［文字］ツールでドキュメント上をクリックまたはドラッグして新しくテキストレイヤーを作成する必要があります。テキストには「縦書き」と「横書き」の方向と「ポイント」「段落」「パスに沿って」の入力方法があります。これらの設定は、テキストレイヤーを作成した後からでも変更できます。方向は［書式］メニュー→［方向］、ポイントと段落は［書式］メニュー→［ポイント／段落テキストに変換］から変更します。

▶ ポイントテキスト

［文字］ツールで画面上をクリックして作成されるポイントに、テキストを入力する方法です。改行するまで同じ行にテキストが入力されます。短いテキストや見出しの入力などで使うと便利です。

> テキストの入力方法には、

▶ 段落テキスト

［文字］ツールで画面上をドラッグして作成されるテキストボックスに、テキストを入力する方法です。入力されたテキストは、ボックスの端まで行くと一定のルールに則って自動的に改行されます。長文や、範囲の決められた箇所でのテキストの入力で使うと便利です。テキストボックスは、［文字］ツールを使ってサイズを変形することができます。

> テキストの入力方法には、ポイントテキストと段落テキストの2種類があります

▶ テキストの設定

［文字］パネルでできるテキストの設定は、フォントやサイズ以外にも以下のようなものがあります。

行送り
行と行の間隔を調整します。

トラッキング
文字どうしの間隔を一律で調整します。

カーニング
隣り合った文字と文字の間の間隔を調整します。

> 花の蜜を大変 好むため花期 に合わせて行 動し、春には 好物の花の蜜

> 花の蜜を大変 好むため花期 に合わせて行 動し、春には 好物の花の蜜 を求めて南か ら北へと移動

> Headline
> Headline
> Headline

> Kerning
> Kerning

垂直比率
文字の縦方向の比率を調整します。

水平比率
文字の横方向の比率を調整します。

ベースラインシフト
横書きの場合に、文字の高さを調整します。

> めめめ

> めめめ

> 12:00
> 12:00

Lesson 07

かんたんな地図を作成しよう

四角や丸、線などの図形を使って、お店の地図を作成します。ここでは、シェイプ機能を使ってかんたんな図を作成する方法について学びます。

練習ファイル 0607a.psd 完成ファイル 0607b.psd

1 長方形ツールを選択する

[長方形]ツール ■ をクリックします❶。[オプション]バーで[シェイプの塗りを設定]をクリックします❷。

MEMO

それぞれの[シェイプ]ツールで作成したオブジェクトは、かんたんに移動や変形ができて画質の劣化もありません。また、塗りや線といった属性の編集をいつでも行うことができます。

2 シェイプの色を設定する

[グレースケール]の横の ▶ をクリックして展開し❶、[ホワイト]をクリックします❷。[オプション]バーで[シェイプの塗りを設定]をクリックし❸、設定画面を閉じます。

3 長方形を使って道を作成する その1

黒板の上で左の画面のようにドラッグし❶、縦長の長方形を作成します。

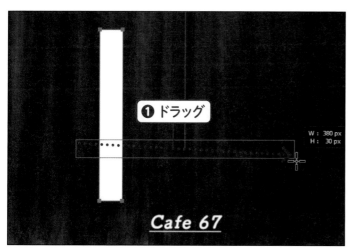

4 長方形を使って道を作成する その2

今度は横長の長方形を作成します。左の画面のようにドラッグし❶、長方形を作成します。

5 レイヤーの選択を解除する

次は線を作りたいので、線の設定をするために現在選択されているレイヤーの選択を解除します。[選択範囲]メニュー→[レイヤーの選択を解除]の順にクリックします❶。

Chapter
6

ポストカードを作ろう

6 線を使って道を作成する

曲がり角のある道を作成したいので、[ペン]ツール ⌀ をクリックします❶。[オプション]バーで[ツールモード]を[シェイプ]に設定し❷、[シェイプの塗りを設定]をクリックします❸。

7 線の塗りを設定する

[カラーなし]をクリックします❶。続けて[シェイプの線の種類を設定]をクリックします❷。

8 線の色と幅を設定する

[グレースケール]の項目から、[ホワイト]をクリックします❶。[シェイプの線の幅を設定]をクリックし❷、[15px]に設定します❸。

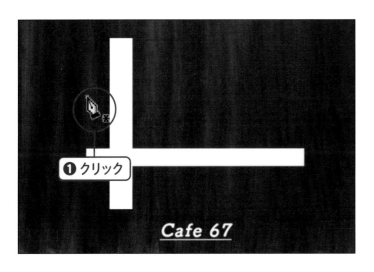

⑨ 線のアンカーポイントを作成する

線の設定ができたので、線の始点を作成しましょう。左の画面の位置でクリックし❶、[アンカーポイント]を作成します。

> **MEMO**
>
> [アンカーポイント]は、線を操作するための基点になります。複数のアンカーポイントを作成することで、さまざまな形の図形を作成することができます。

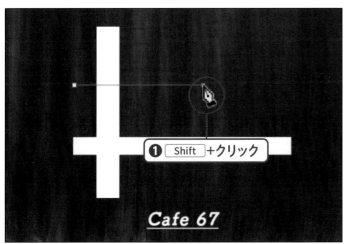

⑩ 直線を作成する

直線を作成します。左の画面の位置にマウスカーソルを移動し、 shift キーを押しながらクリックして[アンカーポイント]を作成します❶。

> **MEMO**
>
> shift キーを押すことで、直前に作成した[アンカーポイント]から45°の単位で位置を調整することができます。

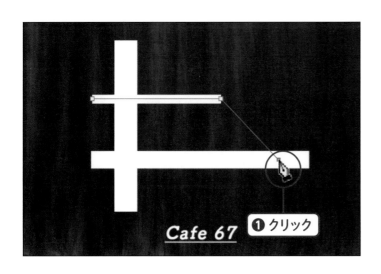

⑪ 斜めの線を作成する

曲がり角を曲線にしたいので、元になる斜めの線を作成します。左の画面の位置でクリックして❶、[アンカーポイント]を作成します。

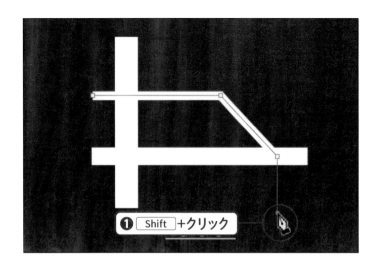

⑫ 直線を作成する

左の画面の位置で shift キーを押しながらクリックし❶、直線を作成します。

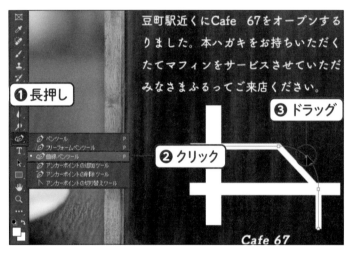

❶長押し

③ ドラッグ

② クリック

豆町駅近くにCafe　67をオープンする
りました。本ハガキをお持ちいただく
たてマフィンをサービスさせていただ
みなさまふるってご来店ください。

Cafe 67

⑬ 斜めの線を曲線にする

［ペン］ツール 🖊 を長押しし❶、［曲線ペン］ツール 🖊 をクリックします❷。手順⑩～⑪で作成した斜めの線の上にマウスカーソルを持っていき、マウスカーソルが 🖌 になったら上方向にドラッグします❸。

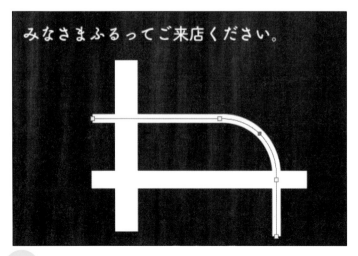

みなさまふるってご来店ください。

⑭ 曲線ができた

斜めの線が曲線になり、緩やかな曲がり角が作成できました。

15 線の選択を解除する

新しい線を作成します。すでにある線が選択された状態だと線がつながってしまうので、選択を解除します。[選択範囲]メニュー→[レイヤーの選択を解除]の順にクリックします❶。

16 線の設定を開く

破線を使って、電車の線路を作成します。[オプション]バーで[シェイプの線の種類を設定]をクリックし❶、[詳細オプション]をクリックします❷。

17 線の設定をする

[線]ダイアログボックスで、以下のように設定します❶。設定ができたら、[OK]をクリックします❷。

整列	中央
破線	チェックを入れる
線幅	2
間隔	1.5

18 線の幅を設定する

[シェイプの線の幅を設定]で、[10px]に設定します❶。

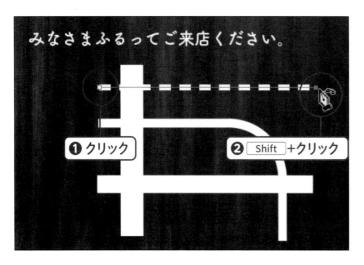

19 線路を作成する

破線を作成します。左の画面の位置でクリックし❶、反対側は shift キーを押しながらクリックします❷。破線が作成できたら、手順⑮の方法で線の選択を解除します。

20 長方形の設定をする

線路上に駅を作成します。[長方形]ツール ■ をクリックし❶、[オプション]バーで以下のように設定します❷。

塗り	ホワイト
線	カラーなし

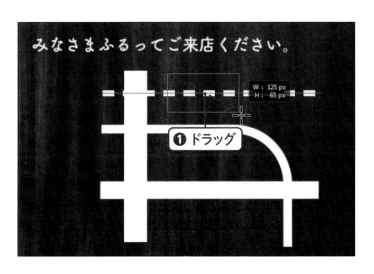

21 駅を作成する

左の画面のようにドラッグし❶、長方形を作成します。

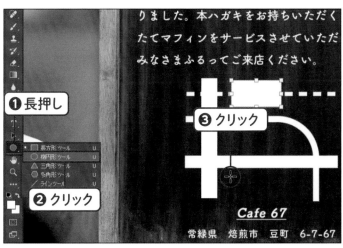

22 お店を作成する

地図上でお店の位置を示す、赤い丸を作成します。
[長方形]ツール を長押しし❶、[楕円形]ツール をクリックします❷。左の画面の位置でクリックします❸。

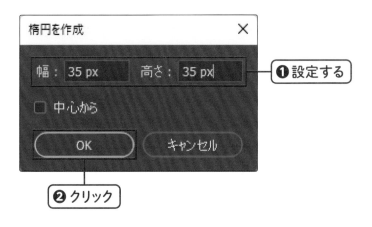

23 楕円の設定をする

[楕円を作成]ダイアログボックスで以下のように設定し❶、[OK]をクリックします❷。

幅	35px
高さ	35px

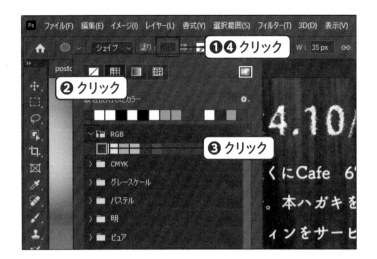
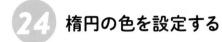

24 楕円の色を設定する

円が作成されました。目立つように、色を変更しましょう。[シェイプの塗りを設定]をクリックし❶、[RGB]の横の ❯ をクリックして展開し❷、[RGBレッド]をクリックします❸。設定ができたら、[シェイプの塗りを設定]をクリックし❹、設定画面を閉じます。

25 楕円の位置を調整する

[移動]ツール ✛ をクリックします❶。作成した楕円をドラッグし❷、左の画面のように位置を調整します。

26 駅名を入力する

[横書き文字]ツール T をクリックします❶。左の画面の位置でクリックし❷、「豆町駅」と入力します❸。入力できたら、[オプション]バーの[確定] ○ をクリックします❹。

27 文字の設定をする

[文字]アイコン A をクリックし❶、以下のように
設定します❷。[カラー]をクリックします❸。

フォント	FOT-筑紫B丸ゴシック Std
フォントスタイル	B
フォントサイズ	8pt
トラッキング	50
太字	オフにする
下線	オフにする

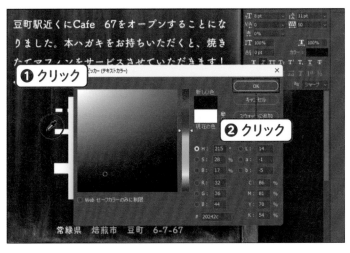

28 文字の色を設定する

[カラーピッカー（テキストカラー）]ダイアログボック
スが表示されます。左の画面の位置でクリック
し❶、黒板の色を指定します。指定できたら、[OK]
をクリックします❷。

> **MEMO**
>
> [カラーピッカー]を表示している間は、ドキュメント上をク
> リックすることで色を指定できます。

29 文字の位置を調整する

[移動]ツール をクリックします❶。左の画面
の位置に文字をドラッグし❷、長方形の上に文字
が来るようにします。

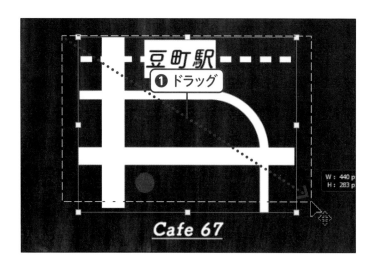

30 地図のレイヤーを選択する

地図のパーツが多いので、ひとまとまりのレイヤーとして管理できるようにしましょう。左の画面のようにドラッグし❶、地図全体を選択します。

MEMO

地図以外のレイヤーを選択しないように注意しましょう。現在選択されているレイヤーは、［レイヤー］パネルから確認することができます。

31 地図のレイヤーをグループ化する

［レイヤー］メニュー→［レイヤーをグループ化］の順にクリックします❶。選択したレイヤーから、グループレイヤーが作成されました。

MEMO

グループレイヤーについて、詳しくはP.97を参照してください。

32 地図が完成した

地図が完成しました。最後に［移動］ツール ✛ で今までに作成したパーツのバランスを整えたら、ポストカードの完成です。［ファイル］メニュー→［保存］の順にクリックし、［postcard.psd］を上書き保存します。

シェイプについて

各［シェイプ］ツール、［ペン］ツールを使って作成できる図形をシェイプと呼びます。シェイプレイヤーは写真などの［ビットマップ画像］（ビットマップに関してはP.34を参照）とは異なり［ベクター画像］と呼ばれる解像度に依存しない画像になります。変形による画質の劣化がなく、常に鮮明なアウトライン（パス）を維持できます（表示はドキュメントの設定解像度に依存します）。

［シェイプ］ツールで作成されたアウトライン（パス）には［サイズ・位置・角度］［塗り］［線］［角丸］などの属性があります。作成したシェイプの属性は、［プロパティ］パネルでいつでも設定を変更することができます。

● **サイズ・位置・角度**
アウトライン（パス）の大きさや角度を設定できます。

● **塗り**
アウトライン（パス）の内側の塗りつぶし、グラデーション、パターンなどのカラーを設定できます。

● **線**
アウトライン（パス）に沿ったカラーの設定と幅や形状を設定できます。

● **角丸**
アウトライン（パス）の角の丸みを設定できます。シェイプのバウンディングボックス内にある ◉ をドラッグして変更することもできます。

▶ 特殊なシェイプツール

● **［多角形］**
［オプション］バーの［角数を設定］ ⌗ で設定した角数の多角形を作成することができます。また、［多角形］ツールの選択時にドキュメント上をクリックして表示される［多角形を作成］ダイアログボックスか、作成した多角形の選択時に［プロパティ］パネルに表示される［星の比率］の設定を変更することで、星形や放射状の図形を作成することもできます。

● **［カスタムシェイプ］**
作成したシェイプを登録し、いつでも使用することができます。登録するにはシェイプを選択し、［編集］メニュー→［カスタムシェイプを定義］をクリックします。

▶ パスの操作（パスファインダー）

シェイプを作成する際には新規レイヤーでシェイプが作成されますが、［オプション］バーで［パスの操作］を設定することで、1つのシェイプレイヤー内に複数のシェイプを作成することができます。レイヤー内に複数のシェイプがある場合は属性の設定が共有され、円を2つ重ねた雪だるまの形やドーナツのような形など、さまざまな形を作ることができます。レイヤー内の特定のシェイプを編集したい場合は、［ツール］パネルの［パスコンポーネント選択］ツール ▶ で、選択したいシェイプをクリックします。

［結合］で雪だるま　　［中マド］でドーナツ

Lesson 08

作ったポストカードを
印刷しよう

画面の表示を見ただけでは、印刷物の最終的なイメージをつかむのはなかなか難しいです。できれば、実際に印刷して確認してみましょう。ここでは、Photoshop からドキュメントを印刷する方法について学びます。

練習ファイル 0608a.psd 完成ファイル なし

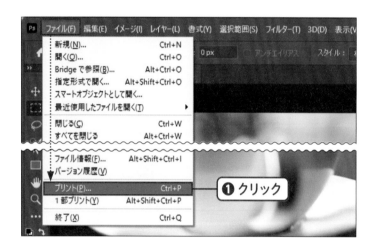

1 プリントを選択する

印刷したいファイルを開き、[ファイル]メニュー→[プリント]の順にクリックします❶。

2 プリントの設定をする

[Photoshop プリント設定]ダイアログボックスが表示されます。[プリンター]で任意のプリンターを選択し❶、[プリント設定]をクリックします❷。

MEMO

[プリンター]には、お使いのパソコンにドライバがインストールされているプリンターの機種名が表示されます。印刷に使用するプリンターを選択してください。

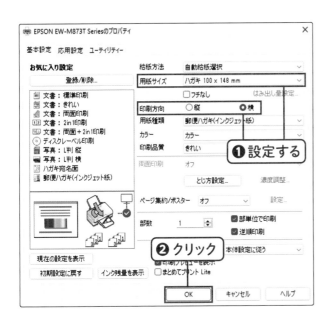

3 用紙を設定する

プリンターの設定画面が開いたら、[用紙サイズ]を[ハガキ]に、[印刷方向]を[横]に設定します❶。設定ができたら、[OK]をクリックします❷。

(MEMO)

お使いのプリンターによって印刷の設定方法が変わりますが、ハガキのサイズに設定できれば大丈夫です。プリンターの取扱説明書などを確認しながら設定しましょう。プリンターによっては、フチなし印刷などができない場合があります。

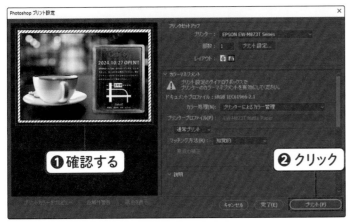

4 プリントする

[Photoshop プリント設定]ダイアログボックスに戻ります。[プレビュー画面]で[ハガキ]のサイズ（約148×100mm）に変更されていることを確認し❶、問題がなければ[プリント]をクリックします❷。

5 プリントされた

Photoshopで作成したポストカードが印刷されました。

色について

Photoshopでは、目的に応じたカラーモードを設定することで、出力方法に合わせた正確な色で作業をすることができます。パソコンやスマートフォンなどのモニター上で表示する場合は「RGB」カラーを、印刷屋さんなどで印刷する場合は「CMYK」カラーを設定します。家庭用のプリンターで印刷する場合は「RGB」カラーの状態で印刷しても、Photoshopやプリンター側で色を変換してくれるので問題ありません。

カラーモードの変換は、［イメージ］メニュー→［モード］で選択するか、細かい設定のできる［編集］メニュー→［プロファイル変換］を選択して行います。

RGB

「RGB」カラーは、光の3原色と呼ばれる「レッド」「グリーン」「ブルー」の3色のかけ合わせで色を表現します。3色の光がすべて重なっている場所は「白」、光のない場所は「黒」で表示されます。「RGB」カラーでは、主に「sRGB」と「Adobe RGB」のプロファイルが使用されています。

「sRGB」は「standard RGB」の略称で、一般的なデジタル機器での表示目的で使用されます。「Adobe RGB」は「sRGB」よりも広い色域の表現ができるため、作業用の写真データなどで使用されます。

モニター上で正確に「Adobe RGB」を再現するには、対応するモニターやソフトウェアが必要になります。広い色域を生かして余裕を持った作業ができるため、作業ファイルには「Adobe RGB」を使った方がきれいに仕上げることができます。

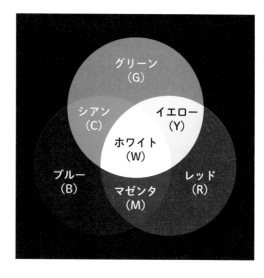

CMYK

「CMYK」カラーは、色の3原色と呼ばれる「シアン」「マゼンタ」「イエロー」に「ブラック」を足した4色のインクのかけ合わせで色を表現します。ブラック以外の3色のインクが重なっている場所は「黒」、インクのない場所は「白（紙色）」で表現されます。実際の印刷では、3色のインクを重ねても正確な黒を表現することが難しいため、黒いインクが使用されます。

印刷屋さんに印刷をお願いする場合はCMYKを使用します。色の表現に限りがあるため、作業中の編集ファイルは「Adobe RGB」を使用し、完成ファイルを「CMYK」カラーに変換することがほとんどです。

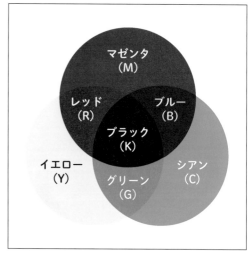

Index

著者プロフィール

宮川 千春　木俣 カイ　（I&D）
（みやがわ ちはる　きまた）

印刷媒体、WEBなどのデザインをはじめとして、企画・コーディネーション、教育・執筆まで幅広く手がける。
自然に囲まれた事務所で、かわいい猫たちと一緒に活動中。

I&Dでは、以下の内容をお引受けします。

- **デザインとグラフィック制作、ディレクション**
  印刷媒体（ポスター、雑誌、カタログ）やWEBサイトのデザイン・エディトリアルデザイン（書籍装丁、CDジャケット）・イラストレーション、画像、ロゴタイプ等の制作と進行管理を行います。
- **書籍の企画と執筆**
  企画から、執筆、エディトリアルデザイン、DTPまでのすべてに対応します。
- **撮影コーディネーション**
  候補地ロケハンやスタッフ手配など、撮影に関する手はずを整えます。
- **教育支援**
  小中高生からご高齢者まで、幅広い年齢層の方を対象に、アプリケーションの操作から制作まで指導します。

[WEBSITE]　https://i-and-d.jp

デザインの学校
これからはじめる
Photoshopの本
（フォトショップ）　（ほん）
[2024年最新版]
（ねん さい しん ばん）

2024年2月21日　初 版　第1刷発行

作例モデル ································ 三由 佳奈・長與 玲花
カバーデザイン ······················ クオルデザイン（坂本 真一郎）
カバーイラスト ······················ サカモトアキコ
本文デザイン ·························· クオルデザイン（坂本 真一郎）
DTP ·· 五野上 恵美
編集 ·· 大和田 洋平
技術評論社ホームページ ········ https://gihyo.jp/book

著　者　I&D　宮川 千春　木俣 カイ
　　　　（アイアンドディ）（みやがわ ちはる）（きまた）
監　修　ロクナナワークショップ
発行者　片岡 巌
発行所　株式会社技術評論社
　　　　東京都新宿区市谷左内町 21-13
　　　　電話　03-3513-6150　販売促進部
　　　　　　　03-3513-6160　書籍編集部
印刷／製本　　大日本印刷株式会社

ISBN978-4-297-13977-3　C3055
Printed in Japan

問い合わせについて

本書の内容に関するご質問は、下記の宛先までFAXまたは書面にてお送りください。なお電話によるご質問、および本書に記載されている内容以外の事柄に関するご質問にはお答えできかねます。あらかじめご了承ください。

〒162-0846
新宿区市谷左内町 21-13
株式会社技術評論社　書籍編集部
「デザインの学校　これからはじめる
　Photoshopの本 [2024年最新版]」質問係
[FAX]　03-3513-6167
[URL]　https://book.gihyo.jp/116

なお、ご質問の際に記載いただいた個人情報は、ご質問の返答以外の目的には使用いたしません。また、ご質問の返答後は速やかに破棄させていただきます。